铁酸铋及复合铁电材料

张丰庆　王玲续　著

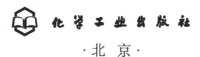

化学工业出版社

·北京·

内容简介

本书采用溶胶-凝胶法，利用层层快速退火的工艺，探讨了不同掺杂元素对铁酸铋（BFO）铁电薄膜性能的影响机制；制备了不同厚度锶铋钛（SBT）过渡层，研究了过渡层厚度对双层薄膜晶体结构和性能的影响机制；探索了 SBT 和 BFO 复合形成固溶体铁电材料的性能。

本书可以作为从事电子信息功能材料研究，尤其是从事铁电材料研究人员的参考书，也可以作为高等学校、科研院所高年级本科生和研究生的教学、科研用书。

图书在版编目（CIP）数据

铁酸铋及复合铁电材料 / 张丰庆，王玲续著. —北京：
化学工业出版社，2022.7
ISBN 978-7-122-41154-9

Ⅰ.①铁⋯ Ⅱ.①张⋯ ②王⋯ Ⅲ.①铁电材料
Ⅳ.①TM22

中国版本图书馆 CIP 数据核字（2022）第 059020 号

责任编辑：王　婧　杨　菁
责任校对：张茜越　　　　　　　　　　　装帧设计：李子姮

出版发行：化学工业出版社（北京市东城区青年湖南街 13 号　邮政编码 100011）
印　　装：北京捷迅佳彩印刷有限公司
710mm×1000mm　1/16　印张 11½　字数 186 千字　2023 年 5 月北京第 1 版第 1 次印刷

购书咨询：010-64518888　　　　　　　售后服务：010-64518899
网　　址：http://www.cip.com.cn
凡购买本书，如有缺损质量问题，本社销售中心负责调换。

定　　价：**98.00 元**　　　　　　　　　　版权所有　违者必究

前言

随着传感器、谐振器、驱动器、非挥发性存储器、超声波换能器等铁电薄膜电子元器件需求量的增加，制备低成本、高寿命、集成多功能的铁电薄膜材料受到研究者的高度关注。近年来，铁酸铋（BiFeO₃，简称 BFO）作为一种理想的环境友好型无铅多铁材料，因其优异的铁电、压电以及铁磁性能，有望在未来的微机电系统中替代 Pb(Zr,Ti)O₃(PZT)而得到广泛的应用。

铁酸铋（BiFeO₃）作为一种典型的斜六方畸变的钙钛矿单相多铁性材料，其铁电居里温度(T_c=1103K)和反铁磁尼尔温度（T_N=643K）均比室温高很多，因此其电学性能在室温下是很稳定的。然而与 PZT 薄膜相比，BFO 薄膜最大的优势是绿色环保，但是它的铁电、压电等电学性能与 PZT 相比还有很大的改善空间。BFO 存在的主要问题之一是具有较大的漏电流，由于漏电严重，施加在 BFO 薄膜上的有效电场较小，导致铁电畴无法翻转，甚至在很低的电压下材料就被击穿，无法获得饱和的极化而无法显示其优良的铁电性能。因此，铁电研究人员在不断探索抑制缺陷、降低漏电流的方法。

在各种方法中，离子掺杂被普遍认为是最具潜力的方式之一，它可以有效降低漏电流。深入研究与探讨离子掺杂，同时实现薄膜低温结晶化是进一步提高 BFO 薄膜性能以及促进其应用的关键。上述问题的解决将对 BFO 铁电薄膜的研究与应用有非常重要的学术价值及意义。在降低漏电流的众多方法中形成双层结构与掺杂改性相比较是属于纳米尺度的结构设计，是更细微的微观改变，因此越来越受到研究者的重视。研究发现，Sr₂Bi₄Ti₅O₁₈（SBT）具有较低的漏电流，介电常数较大，疲劳性能良好，并且 SBT 中有绝缘性好的$(Bi_2O_2)^{2+}$存在，可以起到良好的绝缘体的作用。此外，理论上构筑双层、多层结构能抑制膜内氧空位的迁移，从而会降低双层复合薄膜漏电流密度。SBT 和 BFO 都可以通过形成固溶体的方式来改善自身性能，以获得良好的铁电、介电和铁磁性能。两者的晶体结构分别为两层铋氧层中间叠加类钙钛矿层的三明治结构和菱方畸变的钙钛矿结构，从理论上来讲，这种结构上的相近能够使二者复合形成 SBT-BFO

固溶体。更重要的是，SBT 材料中的$(Bi_2O_2)^{2+}$具有绝缘和空间电荷库的双重作用，可以有效降低 BFO 材料的漏电流，有助于铁电性能的提高。有关的研究也显示该固溶体系的陶瓷室温下表现出多铁性，因此具有磁电耦合效应，而这种效应在磁传感器、信息存储和自旋电子器件等中有着极为广泛的应用前景。

基于以上问题，本书采用溶胶-凝胶法，利用层层快速退火的工艺，探讨了不同掺杂元素对 BFO 铁电薄膜性能的影响机制；制备了不同厚度 SBT 过渡层，研究了过渡层厚度对双层薄膜晶体结构和性能的影响机制；探索了 SBT 和 BFO 复合形成固溶体铁电材料的性能。

本书可以作为从事电子信息功能材料研究，尤其是从事铁电材料研究人员的参考书，也可以作为高等学校、科研院所高年级本科生和研究生的教学、科研用书。

本书由张丰庆、王玲续著，特别感谢范素华教授参与本书的工作。感谢郭晓东、解肖斌、杨士菊、张丽萍、赵雪峰、沈鹏、刘慧莹和马志彪等同学在薄膜制备、性能表征、机理分析、工作总结等方面做的贡献。同时感谢姚炳东、刘彦、王杨阳、李召阳同学在资料汇总、文字和图表格式以及校稿等方面所做的工作。车全德副教授、田清波教授、岳雪涛副教授、李静教授等对本书也给予了大力的支持，本书的出版得到了山东建筑大学材料科学与工程学院的大力支持，在此一并表示感谢。

由于笔者水平和时间有限，误漏之处在所难免，敬请读者批评指正。

笔者

2023 年 1 月

目录

第1章 绪论

第2章 实验设计及性能表征

第 3 章　掺杂对 BFO 薄膜性能的影响

第 4 章　双层复合薄膜的性能研究

第5章　BFO-SBTi 复合铁电陶瓷的制备和性能研究

第1章　绪论

1920 年 Valasek 首次发现了具有自发极化的罗息盐单晶，并测试了第一个电滞回线[1,2]，直到 20 世纪 40 年代，又发现了具有铁电性的 $BaTiO_3$ 陶瓷以后，人们才真正把铁电材料从理论研究转向应用研究[3-5]。20 世纪 50 年代，Jaffe 发现的 $Pb(Zr_{1-x}Ti_x)O_3$（PZT）被认为是铁电材料研究的里程碑[6,7]，且 PZT 可通过改变成分，在很宽的范围内调整性能，以满足不同的需要，PZT 铁电陶瓷的发现，揭开了铁电材料研究的崭新一页，开辟了铅基压电陶瓷的时代，它们在传感器、驱动器、超声波换能器、谐振器、非挥发性存储器、电容器等各种电子元器件方面有着广泛的应用[8-11]。然而在铅基陶瓷中，铅的含量高达 60%以上[12]，严重危害着环境和人类的健康，因此急需寻找相关的替代材料[13]。

无铅铁电陶瓷作为一种环境友好型铁电陶瓷，是既能满足使用又具有良好环境协调性的一类新型功能陶瓷材料，其本身不含有对人类健康和环境有害的物质，制备工艺耗能少，对环境污染小。但是由于科技发展及研究水平的局限性，至今还没有发现完全可以取代 PZT 的铁电材料，且与 PZT 基陶瓷材料相比，性能上还是有差距，图 1.1 是铅基和无铅基铁电材料的压电常数 d_{33} 的对比[14-17]，从图上可以看出，铅基材料仍然是目前性能最优的铁电材料[18]，因此进行无铅铁电材料的研究是当今铁电材料研究领域的一个热点。

在众多研究领域中，作为铁电材料中最大、最重要的一个家族，含氧八面体结构按其氧八面体的排列方式可以分为：钨青铜系、铌酸盐系、钙钛矿系和铋层状钙钛矿系等。其中，钨青铜系在烧结过程中需要急冷，易开裂，难以致密；铌酸盐系温度稳定性不好。相比而言，由于类钙钛矿结构的晶体结构和组成较为复杂，研究者对于铋层状钙钛矿结构的功能器件研究较少，但是类钙钛矿结构材料大多是环境友好型，且有其特殊的性能，应用于特定的领域，因此仍不容被忽视[19]。铋层状钙钛矿结构（bismuth layered structure ferroelectric，BLSF）又称为 Aurivillius 相[20-22]，Bi 6s 和 O 2p 轨道杂化形成铋层状结构材料的价带，使铋层状结构材料的结构对称性降低，以偶极子的形式表现出来，从而表现出优异的压电、铁电以及非线性光学性等[23]。从应用的角度来说，铋层状钙钛矿结构材料是最受关注的一个方向，因为具有较小的介电常数、高机械品质因数及优异的抗疲劳性能，在高频、高温及信息存储方面有着重要的应用前景[24-27]。表 1.1 为不同体系铁电材料性能对比[19]。

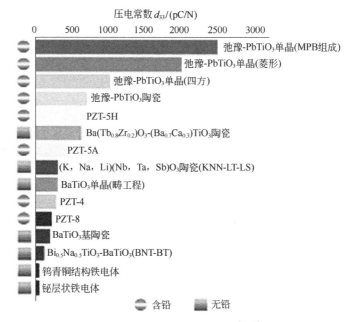

图 1.1　典型铁电陶瓷的 d_{33}[14-17]

表 1.1　不同体系铁电材料性能对比[19]

材料	敏感性	电阻率	机械品质因素	热稳定性	最高使用温度/℃	老化
钙钛矿	高	中低	20～2000	低	$\ll T_c$	老化
BLSF	中	中	500～8000	中	$\ll T_c$	低
LiNbO$_3$	中	高	1000～3000	中	<500	低
α-SiO$_2$	低	高	高	高	约 300	无老化
Li$_2$B$_4$O$_7$	低	低	—	中	约 500	无老化

1.1 铋层状钙钛矿铁电材料晶体结构

BLSF 铁电体的化学通式为$(Bi_2O_2)^{2+}(A_{m-1}B_mO_{3m+1})^{2-}$，分析其通式，$(Bi_2O_2)^{2+}$是一种类萤石的层状结构，$(A_{m-1}B_mO_{3m+1})^{2-}$是类钙钛矿结构。其晶体结构是由$(Bi_2O_2)^{2+}$层和类钙钛矿结构层$(A_{m-1}B_mO_{3m+1})^{2-}$规则共生而成，$TiO_6$准八面体顶角相连构成类钙钛矿层，$(Bi_2O_2)^{2+}$层每隔 m 个$(A_{m-1}B_mO_{3m+1})^{2-}$层出现一次。式中，A 多为配位数 12，化合价 1、2、3 的离子或它们的复合，如 Bi^{3+}、Ca^{2+}、Pb^{2+}、Sr^{2+}、Ba^{2+}、Na^+、K^+等；B 则多为配位数 6，化合价 3、4、5、6 的离子或它们的复合，如 Mo^{6+}、W^{6+}、V^{5+}、Ta^{5+}、Ni^{5+}、Ti^{4+}、Fe^{3+}等；整数 m 代表对应$(A_{m-1}B_mO_{3m+1})^{2-}$层的 TiO_6 准八面体层数，其值一般为 1～7（如果 m 为小数，例如 $m=3.5$，实际上是 $m=3$ 和 $m=4$ 的有规则共生）[28-30]。图 1.2、图 1.3 为钙钛矿和铋层状钙钛矿结构（m=2～5）晶体结构示意图[30-32]，以 m=5 的铋层状钙钛矿结构材料为例详细说明 A 位 Sr^{2+}（Ca^{2+}）和 Bi^{3+}、B 位 Ti^{4+} 及 O 元素在结构中的分布情况。如图 1.3 所示，左侧为 $Sr_2Bi_4Ti_5O_{18}$ 晶体结构示意图，右侧为 $Ca_2Bi_4Ti_5O_{18}$ 晶体结构示意图，从图中可以看出都由类钙钛矿 5 层顶角相连的 TiO_6 八面体和$(Bi_2O_2)^{2+}$层组成。

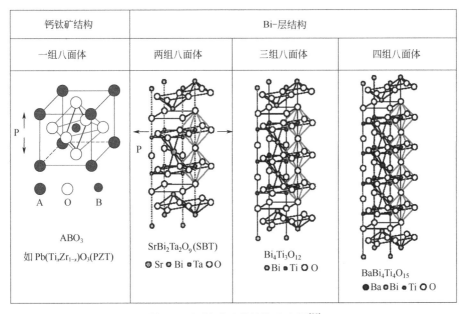

图 1.2 钙钛矿晶体结构示意图[30]

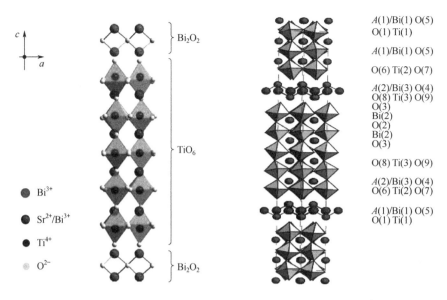

图1.3 $Sr_2Bi_4Ti_5O_{18}$和$Ca_2Bi_4Ti_5O_{18}$在$a-c$平面结构示意图[31,32]

铋层状钙钛矿结构铁电材料的铁电性能主要来源于$(Bi_2O_2)^{2+}$层和 BO_6 八面体的晶格畸变, 图 1.4 是 $SrBi_2Ta_2O_9$ 晶体结构在$a-c$和$b-c$平面的投影[33], 在铁电相中, $(Bi_2O_2)^{2+}$层中 Bi—O(3)键的长度分别为 2.51 Å、2.31 Å、2.30 Å 和 2.19 Å, 而在顺电相中 Bi—O(3)键长是相等的。TaO_6 八面体沿着 b 轴扭曲, 与 c 轴的倾角为 6.5°, 对于 $A21am$ 的正交晶系, 极化轴方向为 a 轴方向, 在四方晶系中的自发极化使离子在 a 轴方向发生位移, 平移面和滑移面的存在使 b 轴和 c 轴的位移相互抵消, 各种离子对总的自发极化的贡献可以用下列公式表示:

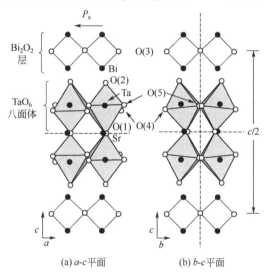

(a) a-c平面   (b) b-c平面

图1.4 $SrBi_2Ta_2O_9$晶体结构在$a-c$和 $b-c$平面的投影[33]

$$P_s = \sum\nolimits_i (m_i \Delta x_i Q_i e) / V \qquad (1.1)$$

式中, m_i 为位置重复数; Δx_i 为四方结构中原子沿 a 轴方向的位移; $Q_i e$ 为

第 i 构成离子的电荷；V 为晶胞体积。

图 1.5 是以 Sr 为原点每一个离子对自发极化的贡献[33]，可以看出，$(Bi_2O_2)^{2+}$ 层中的 Bi^{3+} 和 TaO_6 中的 $O(5)^{2-}$ 对总的自发极化贡献最大，尽管 TaO_6 中的 Ta^{5+} 和 O^{2-} 对总的自发极化贡献相反，但 TaO_6 的晶格畸变形成的净畸变，加强了整个体系的自发极化强度。

因此，对于铋层状钙钛矿结构材料来说，表现出明显的各向异性，同一种材料，在不同方向上剩余极化强度会差别很大，它们在 a/b 方向的极化强度较大，c 方向极化强度较小甚至为零。

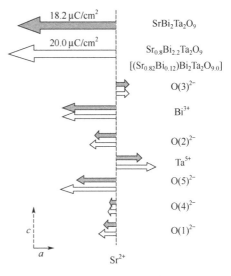

图 1.5　$SrBi_2Ta_2O_9$ 晶体中每一个离子对自发极化的贡献[33]

1.2　典型的铋层状钙钛矿结构材料

目前铋层状钙钛矿结构铁电材料的研究多集中在 $SrBi_4Ti_4O_{15}$($m=4$) 和 $Sr_2Bi_4Ti_5O_{18}$(SBT, $m=5$)体系[34-36]，课题组对 $SrBi_4Ti_4O_{15}$ 铁电陶瓷和薄膜都进行了大量的研究[37-41]，发现晶粒取向对 $SrBi_4Ti_4O_{15}$ 性能的影响较大，并系统研究了 Ca 取代对 $SrBi_4Ti_4O_{15}$ 性能的影响，发现 Ca 取代可以明显提高 $SrBi_4Ti_4O_{15}$ 的铁电性能，制备工艺可以改变 $SrBi_4Ti_4O_{15}$ 的晶粒取向，图 1.6 是不同退火温度下制备的具有 a 轴择优取向的 $Sr_{1-x}Ca_xBi_4Ti_4O_{15}$（CSBT）铁电薄膜的 XRD 图谱，图 1.7 是与之相对应的电滞回线，图 1.7（f）是晶粒取向度与剩余极化强度的对应关系。同时制备并研究了 5 层的 $Sr_2Bi_4Ti_5O_{18}$ 铁电陶瓷的性能[42]，发现 $Sr_2Bi_4Ti_5O_{18}$ 铁电陶瓷的矫顽场明显要小于 $SrBi_4Ti_4O_{15}$ 的矫顽场，在较低电压下易饱和，在相同测试电场强度下，剩余极化强度明显高于 $SrBi_4Ti_4O_{15}$ 铁电陶瓷。

$Sr_2Bi_4Ti_5O_{18}$ 是 $m=5$ 的典型铋层状钙钛矿结构铁电材料，在 Pt 电极上具有天然的无疲劳性，虽然其翻转电压较小，但是其剩余极化强度和居里温度还不能满足实际要求，其应用受到了极大的限制[43]。

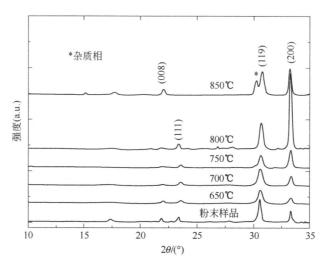

图 1.6　不同退火温度下制备的 $Sr_{0.4}Ca_{0.6}Bi_4Ti_4O_{15}$ 铁电薄膜的 XRD 图谱对比，
采用的衬底为 Pt(111)/Ti/SiO₂/Si[40]

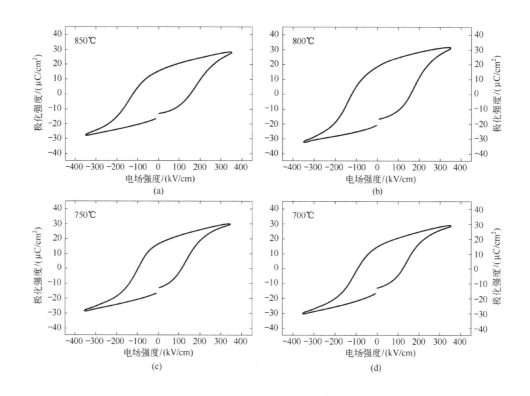

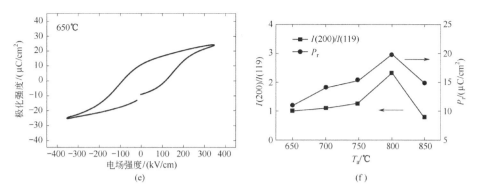

图 1.7 不同退火温度下制备的 $Sr_{0.4}Ca_{0.6}Bi_4Ti_4O_{15}$ 铁电薄膜的电滞回线[40]

1.3 改性研究

为了改善 $Sr_2Bi_4Ti_5O_{18}$ 铁电陶瓷的铁电性能,科研工作者进行了大量的研究,主要有 A 位掺杂,B 位掺杂、共生结构等。

1.3.1 A 位掺杂

陈小兵课题组[44]对 A 位掺杂的 $Sr_2Bi_4Ti_5O_{18}$ 进行了系统的研究,分别用镧系的 La、Nd、Sm 和 Dy 元素取代了 $Sr_2Bi_4Ti_5O_{18}$ 中 A 位的 Bi 元素,镧系元素掺杂使 $Sr_2Bi_4Ti_5O_{18}$ 的居里温度线性降低,剩余极化强度先增大后减小。Cui 等[45]用溶胶-凝胶法制备了 Nd 掺杂的 $Sr_2Bi_4Ti_5O_{18}$ 薄膜,沉积温度 800℃,掺杂量为 0.1 时,$2P_r$=30μC/cm^2,E_c=55kV/cm,具有较好的铁电性能。Wei 等[46]用固相合成法制备了 Er 掺杂的 $Sr_2Bi_4Ti_5O_{18}$,掺杂量为 0.01 时,$2P_r$=19.2μC/cm^2。镧系元素取代 A 位 Bi 元素,改善性能的主要原因是:由于镧系元素的离子半径都比 Bi 元素大,且与 Bi^{3+} 相比,镧系元素最外层电子杂化能力较小,与氧原子的共价键作用减弱,引起晶格畸变变小[47, 48],居里温度降低;镧系元素具有较好的稳定性,可以抑制铋元素的挥发,降低氧空位的浓度,抑制畴界钉扎,使翻转铁电畴增多,因此会改善其铁电性能[49]。虽然镧系元素取代 A 位 Bi 元素可以增加剩余极化强度,但是降低了居里温度,限制了其在高温环境中的使用。

Shimakawa[28]比较了 $SrBi_2Ta_2O_9$ 和 $Sr_{0.8}Bi_{2.2}Ta_2O_9$ 的晶体结构差异,发现用离子半径较小的 Bi^{3+} 取代 Sr^{2+},在钙钛矿层产生压应力,使 $Sr_{0.8}Bi_{2.2}Ta_2O_9$ 中 Bi_2O_2 层和类钙钛矿层产生晶格适配,导致 TaO_6 产生较大的晶格畸变,使居里温度和剩余极化强度都增大，如图 1.8 所示，表明 A 位阳离子的尺寸对铁电陶瓷的铁电性能有着强烈的影响。Shimakawa 等[50]对比分析了 $CaBi_2Ta_2O_9$、$SrBi_2Ta_2O_9$ 和 $BaBi_2Ta_2O_9$ 化合物的晶体结构和性能，这三种化合物的居里温度依次降低，即 $CaBi_2Ta_2O_9$ 的居里温度最高，阳离子由 Ba 到 Ca，晶格适配增大（可用容限因子 t 计算），结构畸变更加显著。

Jin 等[51]制备了织构化的 $Sr_{2-x}Ca_xBi_4Ti_5O_{18}$ 铁电陶瓷，发现 $a（b）$ 方向的剩余极化强度是 c 方向的 2 倍，Ca 掺杂可以明显

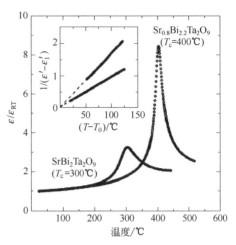

图 1.8　$SrBi_2Ta_2O_9$ 和 $Sr_{0.8}Bi_{2.2}Ta_2O_9$ 的介温曲线[28]

提高 $Sr_2Bi_4Ti_5O_{18}$ 的剩余极化强度，掺杂量为 0.05 时，居里温度为 310℃。Chen 等[52]制备了(Na, K)掺杂的 $Sr_2Bi_4Ti_5O_{18}$ 陶瓷，掺杂量为 0.2 时，剩余极化强度 P_r = 10.3μC/cm^2，压电常数 d_{33}=20pC/N，居里温度为 324℃。Xu 等[53]用固相合成的方法制备了 $Sr_{2-x}Ca_xBi_4Ti_5O_{18}$ 铁电陶瓷，发现随着 Ca 掺杂量的增加，样品的居里温度增加，掺杂量为 0.5 样品的 $2P_r$ = 15.6μC/cm^2，d_{33}=22pC/N。羌锋[54]研究了 Ba 掺杂的 $Sr_2Bi_4Ti_5O_{18}$ 铁电陶瓷，随着 Ba 掺杂量的增加，居里温度和剩余极化强度都降低，显示出弥散铁电体的特征。用碱金属和碱土金属取代 A 位的 Sr 元素，离子半径比 Sr 离子小的掺杂都可以增加晶格畸变，改善其铁电性能，离子半径差别越大，晶格畸变越严重，居里温度增加越大，而 Ba 的掺杂反而会恶化其铁电性能。

1.3.2　B 位掺杂

B 位掺杂也是提高铋层状钙钛矿结构铁电材料性能的一种有效方法，Nouguchi 等[55,56]用 V^{5+}、W^{6+} 取代 $Bi_4Ti_3O_{12}$ 中 B 位的 Ti^{4+} 元素，通过化合价的中和可以有效降低氧空位浓度，减少畴界钉扎，使剩余极化强度增大，降低漏电流密度。Yao 等[57]通过计算 Nb^{5+} 掺杂的 $Bi_4Ti_3O_{12}$ 介电损耗峰的激活能，发现 Nb^{5+} 掺杂抑制了氧空位的浓度，提高了剩余极化强度。卢网平[58]研究了 V^{5+}、W^{6+} 和 Nb^{5+} 掺杂的 $Sr_2Bi_4Ti_5O_{18}$，研究发现：V^{5+} 掺杂几乎不影响材料的居里温度，

晶粒尺寸明显增大，大的晶粒尺寸导致了大的剩余极化；而 W^{6+} 和 Nb^{5+} 掺杂使材料的居里温度线性下降，通过以下公式可以看出掺杂产生的电子中和了氧空位的浓度[59]，提高了样品的铁电性能。

$$W^{6+} \xrightarrow{\text{Ti}^{4+}} W_{Ti}^{\cdot\cdot} + 2e' \qquad (1.2)$$

$$Nb^{5+} \xrightarrow{\text{Ti}^{4+}} Nb_{Ti}^{\cdot\cdot} + e' \qquad (1.3)$$

$$V_O^{\cdot\cdot} + \frac{1}{2}O_2 + 2e' \longrightarrow O_O^{\times} \qquad (1.4)$$

通过 B 位掺杂可以显著提高 $Sr_2Bi_4Ti_5O_{18}$ 剩余极化强度，但是居里温度并没有明显改善。另外，B 位掺杂可以降低体系中的氧空位浓度，提高体系的电阻，降低漏电流密度。

1.3.3　共生结构

共生结构由两种钙钛矿层数不同的 BLSF 组成，不同单元沿 c 轴方向交替排列，Noguchi 等[60]制备了 $Bi_4Ti_3O_{12}$-$SrBi_4Ti_4O_{15}$ 复合陶瓷，结构如图 1.9 所示，$Bi_4Ti_3O_{12}$-$SrBi_4Ti_4O_{15}$ 的居里温度介于 $Bi_4Ti_3O_{12}$ 和 $SrBi_4Ti_4O_{15}$ 之间，等于二者的平均值，剩余极化强度高于相同工艺条件下制备的 $Bi_4Ti_3O_{12}$ 和 $SrBi_4Ti_4O_{15}$，矫顽场均高于二者。Goshima 等[61]制备了 $Bi_4Ti_3O_{12}$-$PbBi_4Ti_4O_{15}$，研究发现共生结构的居里温度低于 $Bi_4Ti_3O_{12}$ 和 $PbBi_4Ti_4O_{15}$，$Bi_4Ti_3O_{12}$-$PbBi_4Ti_4O_{15}$ 展现出明显的各向异性，a 和 c 轴方向的剩余极化强度差别很大。Luo 等[62]报道了 Bi_2WO_6 和 $Bi_4Ti_3O_{12}$ 组成的结构，发现这两种材料并没有形成 Bi_2O_2-WO_6-Bi_2O_2-$3TiO_6$ 的共生结构，而是形成了 $Bi_3Ti_{1.5}W_{0.5}O_9$

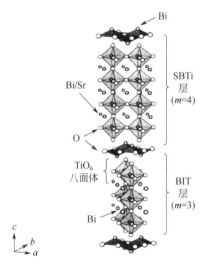

图 1.9　$Bi_4Ti_3O_{12}$-$SrBi_4Ti_4O_{15}$ 共生结构示意图[60]

的结构。Parida 等[36]报道了 $SrBi_4Ti_4O_{15}$-$Sr_2Bi_4Ti_5O_{18}$ 铁电陶瓷，虽然 $SrBi_4Ti_4O_{15}$ 和 $Sr_2Bi_4Ti_5O_{18}$ 相差一层，但是并不能形成共生结构，而是在长程范围内形成了一种混合体，在短程范围内 $SrBi_4Ti_4O_{15}$ 和 $Sr_2Bi_4Ti_5O_{18}$ 有可能出现有规则排列的结构单元。

1.4 BFO 的结构与性能

铁酸铋 $BiFeO_3$（BFO）是一种集铁电性和铁磁性于一体的单相多铁材料，室温下具有铁电有序和反铁磁有序，且铁电性和铁磁性之间存在耦合效应。由于其远高于室温的居里温度和尼尔温度，在未来的应用中具有很大的潜力。BFO 的理论剩余极化强度可达 100μC/cm² 以上，而且具有较低的结晶温度，这些使得 BFO 在高温信息存储、传感器和微机电系统等多功能器件中有巨大的应用价值，从而不断吸引着各国研究人员的目光[63,64]。

室温下 BFO 陶瓷块体属于 R3c 空间群，为三方扭曲的菱形钙钛矿结构，其晶格常数 a=5.5787Å❶，c=13.8688Å，α=60.36°，BFO 陶瓷和薄膜的晶胞结构如图 1.10 所示。从图中可以看出 BFO 晶体结构是在立方结构基础上沿着[111]方向拉伸，在[111]方向 Bi^{3+} 相对于 O^{2-} 位移 0.32Å，Fe^{3+} 相对 O^{2-} 位移−0.07Å，使铁氧八面体（FeO_6）以[111]轴为中心发生扭曲，从而在该方向出现一定程度的自发极化。BFO 原子间位移较大，因此其居里温度 T_c 较高，理论自发极化值（P_s）较高[65,66]。BFO 的磁性来源于过渡金属 Fe^{3+}，其 G 型反铁磁有序（G-type anti-ferromagnetic structure）是由相邻的两个［111］面内磁矩的反向平行造成，但该结构在长程调制作用下表现为摆线形螺旋磁有序结构，周期为（620±20）Å，在周期内磁极化几乎可以完全抵消，从而导致 BFO 宏观上表现为弱磁性[67]。铁电性和铁磁性存在磁电耦合效应，因此有关 BFO 材料磁性能的研究一直进行，其存在强的磁电耦合效应直到 2005 年才被证实[68]。

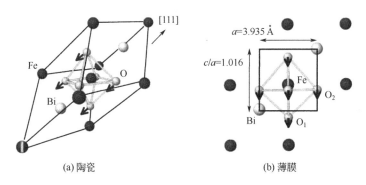

(a) 陶瓷　　　(b) 薄膜

图 1.10　BFO 多铁材料的晶胞结构

---

❶ 1Å=10^{-10}m。

纯相 BFO 陶瓷的制备温度范围很窄，烧结过程中不可避免地出现 Bi_2O_3、$Bi_2Fe_4O_9$ 等杂相，同时高温下的 Bi 元素容易挥发和 Fe^{3+} 容易变价成为 Fe^{2+}，这都会导致大量氧空位，使 BFO 样品的漏电流密度很大，因此饱和的电滞回线比较难检测到。

1960 年科学家就已经发现了 BFO 优异性能的存在[69]，近年来，国内外研究人员通过不断实验和研究，在理论计算和实际应用上均取得了重大的发现。以 Ramesh 等[66]为首的研究小组研究发现，多铁性外延 BFO 薄膜材料是具有较高矩形度的电滞回线、较大的剩余极化强度和较为优异的压电性能的一种铁电材料，如图 1.11 所示，这一发现极大地鼓舞了铁电材料研究人员对于 BFO 单晶、BFO 陶瓷以及 BFO 薄膜样品的研究热情。

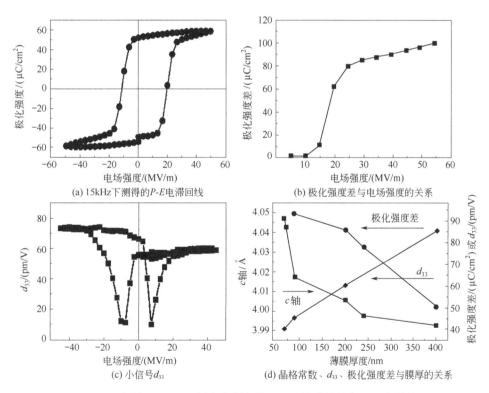

(a) 15kHz下测得的 P-E 电滞回线

(b) 极化强度差与电场强度的关系

(c) 小信号 d_{33}

(d) 晶格常数、d_{33}、极化强度差与膜厚的关系

图 1.11　在单晶 $SrTiO_3$ 衬底上制备的 BFO 薄膜的铁电和压电特性

目前，诸多因素仍制约着 BFO 薄膜样品的应用。一方面，BFO 薄膜样品的制备工艺仍不够成熟，所制备的 BFO 薄膜样品存在性能不稳定和性能不优良两个特点；另一方面，在 BFO 薄膜样品的制备过程中，由于气氛等原因，

容易发生 Fe 化合价的波动（主要为 Fe^{3+} 被还原为 Fe^{2+}），为了达到电价平衡，会有氧空位的产生，这将使得所制备的薄膜样品的漏电问题加剧，进而影响到所制备的薄膜样品其他方面的性能，如铁电性能等。因此，通过对制备工艺的进一步优化和掺杂改性等手段提高所制备的薄膜样品的性能成为目前研究者对于 BFO 薄膜的研究重点。在制备工艺的优化方面，主要包括原材料的选择，不同保护气氛的应用，工艺参数（匀胶速度、热处理温度、预处理温度、退火温度等）的优化，薄膜样品结构的控制等。改善薄膜样品性能的方法主要有控制薄膜取向、元素掺杂、形成异质结构等[70-73]。其中，元素掺杂被证实为最有效的降低漏电流的方法之一。对 BFO 薄膜样品进行的掺杂研究中，主要有 A 位 La 系元素的掺杂，B 位 Mn、Nb、Ti、Cr 等元素的掺杂，以及 A、B 位元素的共掺等，通过元素掺杂，显著降低所制备的 BFO 薄膜样品的漏电流密度，同时所制备的薄膜样品的铁电性和铁磁性等也有了明显的改善[74-77]。

1.4.1　元素掺杂改性

（1）纯相的制备

近年来，国内外研究者在制备纯相 BFO 薄膜的工艺上做了大量尝试，以期制备出优异多铁性能的 BFO 薄膜样品。Lahmar 等[78]对过量 Bi 和过量 Fe 元素对薄膜结构和性能的影响进行研究发现，Bi 和 Fe 元素均过量 5%（摩尔分数）时，不会使所制备的薄膜样品的结构发生变化，此时所制备的薄膜样品的漏电流也较小；当 Bi 过量为 10%（摩尔分数）时，会使所制备的薄膜样品的晶体结构由单斜相转变为菱方相，薄膜的铁电极化反转和电阻率等性能也会有明显的改善；当 Fe 过量超过 5%（摩尔分数）时，会有 $Bi_2Fe_4O_9$ 和 $\gamma\text{-}Fe_2O_3$ 杂质相的析出，这些杂相在一定程度上会使所制备的薄膜样品的漏电密度增加，但同时也会使所制备的薄膜样品的磁性得以增强。Maeng 等[79-81]对在单晶 (100)Rh 衬底上制备的 BFO 薄膜进行研究发现，所制备的薄膜样品的结构发生四方畸变，所制备的薄膜样品的剩余极化强度达 $182\mu C/cm^2$，比之前在 $LaSrMnO_3/PbMgNbO\text{-}PbTiO_3$ 和 $SrRuO_3/DyScO_3$ 衬底上制备薄膜样品的剩余极化强度大将近 40%。

（2）A 位元素掺杂

对于 A 位元素掺杂，研究者们主要对镧系元素掺杂和碱土金属元素掺杂进行了研究。所掺杂的元素与 A 位 Bi 元素具有相近的原子半径，能够较好地固溶在 BFO 中，形成稳定的氧八面体，减少氧空位的浓度，降低薄膜样品的漏电流密度。此外，因所掺杂元素半径与 A 位 Bi 元素半径不同而在薄膜样品晶格内部产生应力的作用，可能会使薄膜样品中更易形成准同型相界（MPB），从而有效提高所制备的薄膜样品的电学性能。Li 等[82]通过研究碱土金属元素 Ca、Sr、Ba 对 BFO 薄膜磁性的影响发现，所制备的 BFO 薄膜样品的晶格常数随着掺杂离子半径的增大而增大，薄膜样品 $Bi_{0.95}A_{0.05}FeO_3$（A=Ca、Sr、Ba)的磁性也随之有一定幅度的提高。Li 等认为，随所掺杂的离子半径的增加，所制备的薄膜样品的 c 轴晶格参数增大，抑制了薄膜样品的螺旋自旋磁结构的产生。Ahadi 等[83]对 Ca 掺杂的 BFO 薄膜样品进行研究发现，掺杂 Ca 元素可以有效抑制 Fe 价态的波动（化合价的降低），从而增加了所制备的薄膜样品的透明度，但是所制备的 BFO 薄膜样品的漏电流密度也会增加。

（3）B 位元素掺杂

对于 BFO 薄膜样品 B 位进行掺杂所使用的元素主要有 Zr、Zn、Mn、Co 等过渡族金属元素，进行 B 位元素掺杂，其主要目的是对 Fe^{3+}离子化合价的波动（化合价降低）进行抑制，从而降低 BFO 薄膜样品的漏电流。Park 等[84]对不同 Zn 元素含量掺杂的 BFO 薄膜样品进行研究，得到了具有较大剩余极化强度的饱和电滞回线，当 Zn 掺杂量为 10%时，所制备的薄膜样品的剩余极化达 $178\mu C/cm^2$，此时矫顽场为 418kV/cm，测试电场强度为 415kV/cm，还发现当测试温度为 80K 时，可以测得更佳的性能。Wei 等[85]通过对掺杂 Zr 的 BFO 薄膜进行研究发现，适量 Zr 的加入，可以有效降低 BFO 薄膜样品的漏电流，同时可以较大的改善所制备的薄膜样品的磁性。Lee 等[86]通过对 Mn 元素掺杂 BFO 薄膜样品的研究发现，540℃为最佳的沉积温度，此时所制备的薄膜样品具有最佳的性能，矫顽场（$2Ec$）可以降低到 630kV/cm，此时的剩余极化强度达 $139\mu C/cm^2$，遗憾的是，所制备的薄膜样品的漏电流密度也较大。

（4）A、B 位元素共掺

A 位和 B 位元素在降低薄膜的漏电流、增加所制备的 BFO 薄膜样品的绝缘性方面也是有效的。Lee 等[87]通过对 Nd、Cr 共掺的 BFO 薄膜和 Sm、Cr 共掺的 BFO 薄膜进行研究发现,元素共掺可以有效抑制所制备的 BFO 薄膜样品中氧空位的产生,降低样品中 Bi 元素的挥发;所制备的共掺 BFO 薄膜样品的剩余极化强度均可以得到提高,样品的漏电流密度与纯相 BFO 薄膜样品相比,均能够下降约三个数量级。Huang 等[88]对 Ca、Mn 共掺的 BFO 薄膜样品进行研究发现,BFO 薄膜样品中的铁电性能与相结构转变有关,当掺杂 Mn 时,会使 BFO 薄膜样品的相结构向正交相转变,当掺杂 Ca 元素时,晶型则向四方相发生转变。通过结构的转变,使得所制备的薄膜样品的晶体结构对称性发生变化,从而使得薄膜样品的铁电性能得以提高。Raghavan 等[89]对 Nd、Cu 共掺的 BFO 薄膜样品进行研究发现,Nd、Cu 元素共掺可以使得所制备的薄膜样品具有更稳定的结构,样品中的氧空位数量降低,通过测试,得到了具有良好矩形度的电滞回线,所制备的薄膜样品的剩余极化强度由 $35.2\mu C/cm^2$ 增加到 $106\mu C/cm^2$,漏电流也得到了较好的抑制,由 $10^{-3}A/cm^2$ 降低到 $10^{-6}A/cm^2$。

1.4.2 控制薄膜取向

研究者在通过控制薄膜取向提高 BFO 薄膜样品的性能方面已经开展了大量研究工作。Sone 等[90]通过研究在(111)、(110)和(001)择优取向的 $SrTiO_3$ 单晶衬底上制备的 BFO 发现,所制备的所有薄膜样品中,(111)外延的 BFO 薄膜样品的极化电学性能最佳,当测试温度为 90K 时,所测得薄膜样品的剩余极化强度达 $212\mu C/cm^2$,这一结果几乎达到纯相 BFO 薄膜样品的理论自发极化值。Wu 等[91]对使用射频溅射法制备的(111)择优的 $Bi(Fe_{0.93}Mn_{0.05}Zn_{0.02})O_3$ 薄膜进行研究发现,掺杂可以提高所制备薄膜样品的结晶度,促进薄膜样品晶粒的生长,对薄膜样品进行测试,所制备的薄膜样品的剩余极化强度为 $235\mu C/cm^2$,此时矫顽场为 612kV/cm,在经过 2×10^9 次极化反转后,薄膜样品的剩余极化强度变化很小,表现出优异的抗疲劳性能。Wang 等[92]对 PLD 法制备的不同取向 $(Bi_{0.90}La_{0.10})(Fe_{0.95}Mn_{0.05})O_3$ 薄膜进行研究发现,所制备的薄膜样品均具有饱和的电滞回线,不同取向的 BFO 薄膜样品的铁电畴结构不同,从而使得薄膜样品的漏电流密度和铁电性均有所不同。Yan 等[93]对不同衬底对

BFO 薄膜样品结构和性能的影响进行研究发现，当使用 $LaNiO_3$ 为缓冲层所制备的 BFO 薄膜样品的相结构表现出（001）择优取向，当使用 $SrRuO_3$ 作为缓冲层所制备的 BFO 薄膜样品不表现出明显的择优，即表现出随机取向。通过研究发现，择优取向的 BFO 薄膜样品随施加测试电场强度的增加，薄膜内部的残余应力有下降的趋势，所制备的 BFO 薄膜样品的漏电流特性和压电性能均有明显的提高，测得压电响应值增加到 348.2pm/V，是随机取向 BFO 薄膜样品压电响应值的 5 倍。

1.4.3 形成异质结构

将 BFO 薄膜与一种漏电流比较小的铁电材料形成双层结构，在一定程度上可以降低薄膜的漏电流。Chen 等[94]使用金属有机物分解法分别在 40nm、80nm、160nm 厚的 $Bi_{3.5}Nd_{0.5}Ti_3O_{12}$（BNTO）过渡层上成功制备了 BFO 薄膜，并对其性能进行测试发现，其漏电流比直接沉积在 ITO/Si 衬底上的 BFO 薄膜低了大约两个数量级，他们把较低漏电流的形成归因于 BNTO 过渡层良好的绝缘性。Wu 等[95]制备的 $Bi_{0.95}Gd_{0.05}FeO_3/BiFe_{0.95}Mn_{0.05}O_3$ 双层结构比单晶 $Bi_{0.95}Gd_{0.05}FeO_3$ 薄膜样品的漏电流低两个数量级，漏电流的减小是由于底层 $BiFe_{0.95}Mn_{0.05}O_3$ 具有较低的漏电流。Ke 等[96]研究人员采用磁性较强的 $La_{0.67}Sr_{0.33}MnO_3$(LSMO)作为 BFO 的过渡层，获得了磁学性能优良同时没有杂质相的 BFO/LSMO 双层薄膜,研究发现 LSMO 过渡层能够使 BFO 薄膜的磁性得到很大程度的提高，同时双层薄膜的饱和磁化强度甚至还稍高于 LSMO 单相薄膜。

1.4.4 形成固溶体

通过将 BFO 与其他钙钛矿型材料形成固溶体获得稳定的结构也是改善 BFO 材料电学性能的有效手段，在 $BiFeO_3$-ABO_3 体系中往往存在准同型相界（MPB）。例如在$(1-x)BiFeO_3$-$xBaTiO_3$ 陶瓷体系中，晶体结构与 BFO 含量密切相关，当 BFO 含量低于 4%时，该体系陶瓷为四方结构，随着 BFO 含量提高逐渐向立方结构转变，当 BFO 含量达到 70%时，陶瓷转变为三方结构[97]。Chandarak 等[98]发现当 $x=0.25$ 时，$(1-x)BiFeO_3$-$xBaTiO_3$ 陶瓷存在三方结构和立方结构共存的准同型相界。有时准同型相界并不是一个确定的组分，而是一段物相组成范围。在 $x\text{BiFeO}_3\text{-}(1-x)\text{PbTiO}_3$ 连续固溶体陶瓷中，$0.66 \leqslant x \leqslant 0.73$ 时为三方相和四方相共存的准同型相界，但 Shuvrajyoti 等[99]发现，$\text{BiFeO}_3\text{-PbTiO}_3$ 固溶体的三方和四方相在 $0.69 < x < 0.72$ 之间稳定共存。随 BFO 含量提高，其居里温度 T_c 由 490℃（PbTiO_3）上升至 850℃（$x=1$），同时在准同型相界附近，$\text{BiFeO}_3\text{-PbTiO}_3$ 固溶体的 c/a 可达 1.18，这预示着该组分附近的陶瓷拥有较强的铁电性[100]。

BFO 薄膜与其他铁电薄膜材料相比，存在很多其他材料所不具有的独特的优势。研究者对 BFO 薄膜材料的研究，不仅在制备工艺上有了明显的改善，在制备出的薄膜样品的性能上也有了明显提高，虽然如此，BFO 薄膜在实际的应用过程中若有实质性的突破，还有大量的工作要做，还有很长的路要走。

1.5　研究思路

随着传感器、谐振器、驱动器、非挥发性存储器、超声波换能器等铁电薄膜电子元器件需求量的增加，制备低成本、高寿命、集成多功能的铁电薄膜材料受到研究者的高度关注。近年来，BFO 作为一种理想的环境友好型无铅多铁材料，因其优异的铁电、压电以及铁磁性能，有望在未来的微机电系统中替代 $\text{Pb}(\text{Zr,Ti})\text{O}_3(\text{PZT})$ 而得到广泛的应用。

BFO 作为一种典型的斜六方畸变的钙钛矿单相多铁性材料，其铁电居里温度(T_c=1103K)和反铁磁尼尔温度（T_N=643K）均比室温高很多，因此其电学性能在室温下是很稳定的。然而与 PZT 薄膜相比，BFO 薄膜最大的优势是绿色环保，但是它的铁电、压电等电学性能与 PZT 相比还有很大的改善空间。BFO 存在的主要问题之一是具有较大的漏电流。由于漏电流严重，施加在 BFO 薄膜上的有效电场就会很小，导致铁电畴无法翻转，甚至在很低的电压下材料就被击穿，无法获得饱和的极化因而无法显示其优良的铁电性能。因此，铁电研究人员在不断地进行探索抑制缺陷、降低漏电流的方法。遗憾的是，到目前为止对于 BFO 铁电薄膜性能的提高以及工艺改进还没有达到大规模应用的程度。制约 BFO 薄膜在电子器件中实际应用的两个关键因素：

一是漏电流过大，导致器件的性能不稳定。形成漏电流的原因主要是：①Fe^{3+}容易变价为Fe^{2+}而发生电子转移形成电流；②在制备过程中，Bi^{3+}在高温下容易挥发形成氧空位缺陷，氧空位在电场的作用下定向移动形成一定的电流；③薄膜结晶度低，晶粒发育不好，导致晶界数量增多，缺陷增加会增加漏电流。所以，克服漏电流主要是要减少Fe^{3+}价态的变化，抑制氧空位的产生，同时提高薄膜的结晶度，减少其他缺陷的产生。

二是制备温度过高与半导体集成工艺不相兼容。成型的 MOS 芯片能够承受的极限处理温度约 450℃，在极限温度以上，MOS 器件的可靠性将急剧下降，因此现有的制备工艺不能实现铁电薄膜器件与硅 IC 器件单片集成化。实现铁电薄膜器件与硅 MOS 器件的单片集成，必须降低铁电薄膜的热处理温度。

因此，铁电研究人员在不断地探索抑制缺陷、降低漏电流的方法，同时也在薄膜低温结晶化方面做积极努力。在各种方法中，离子掺杂被普遍认为是最具潜力的方式之一，它可以有效降低漏电流。深入研究与探讨离子掺杂，同时实现薄膜低温结晶化是进一步提高 BFO 薄膜性能以及促进其应用的关键。上述问题的解决将对 BFO 铁电薄膜的研究与应用有非常重要的学术价值及意义。

在降低漏电流的众多方法中形成双层或者多层薄膜与离子尺寸的掺杂改性相比较是属于纳米尺度的结构设计，是更细微的微观改变，因此越来越受到研究者的重视。研究发现，SBT 薄膜的漏电流低，介电常数较大，疲劳性能良好，并且 SBT 中有绝缘性好的$(Bi_2O_2)^{2+}$存在，因此起到了良好的绝缘体的作用。此外，理论上构筑双层多层结构能抑制膜内氧空位的迁移，从而会降低双层复合薄膜漏电流密度。在双层结构的薄膜当中，过渡层和 BFO 薄膜相互串联，施加在复合薄膜上的有效电场会由于过渡层过厚而变小，进而导致制备得到的双层结构薄膜的性能变差。因此对于双层和多层薄膜结构，过渡层厚度对复合薄膜的性能等有较大的影响。

通过上述内容可以发现，SBT 和 BFO 都可以通过形成固溶体的方式来改善自身性能，以获得良好的铁电、介电和铁磁性能。两者的晶体结构分别为两层铋氧层中间叠加类钙钛矿层的三明治结构和菱方畸变的钙钛矿结构，从理论上来讲，这种结构上的相近能够使两者复合形成 SBT-BFO 固溶体。更重要的是，

SBT 材料中的$(Bi_2O_2)^{2+}$具有绝缘和空间电荷库的双重作用，可以有效降低 BFO 材料的漏电流，有助于铁电性能的提高。有关的研究也显示该固溶体系的陶瓷室温下表现出多铁性，因此具有磁电耦合效应，而这种效应在磁传感器、信息存储和自旋电子器件等中有着极为广泛的研究前景。所以在较宽的频率和温度范围内研究 SBT-BFO 固溶体的铁电和铁磁性能，进一步分析其性能与结构起源的关系非常有必要。另外，已存在的研究资料显示该复合固溶体还展现出弛豫铁电体的性能，而弛豫铁电材料由于大的电致伸缩效应、介电常数大和热稳定性好等特性，在多层电容器、微位移器以及光电记忆器等方面有广泛应用前景。因此从理论研究和实际应用两方面，SBT-BFO 固溶体系材料有着积极的研究意义和应用价值。

基于以上问题本书采用溶胶-凝胶法，利用层层快速退火的工艺，探讨了不同元素掺杂对 BFO 铁电薄膜性能的影响机制；制备了不同厚度 SBT 过渡层，研究了过渡层厚度对双层复合薄膜晶体结构和性能的影响；探索了 SBT 和 BFO 形成复合固溶体铁电材料的性能。

参考文献

[1] Valasek J. Presented at the Meeting of the American Physical Society in Washington[J]. 1920:23-24.

[2] Valasek J.Piezoelectric and allied phenomena in Rochelle salt[J]. Phy Rev, 1921, 17:475-481.

[3] Wainer E, Salomon N. Electrical Reports Titanium Alloys Manufacturing Division[J]. National Lead Co Reports, 1938-1943.

[4] Ogawa S.On Polymorphic Change of Barium Titanate[J]. J Phys Soc Jpn, 1946, 1:32-33.

[5] Wul B M, Goldman I M.Dielectric constants of titanate of metals of the second group[J]. Doklady Akademii Nauk SSSR, 1945, 46:154-157.

[6] Sawaguchi E. Ferroelectricity versus antiferroelectricity in the solid solutions of $PbZrO_3$ and $PbTiO_3$[J]. J Phys Soc Jpn, 1953, 8:615-629.

[7] Jaffe B, Roth R S, Marzullo S. Piezoelectric properties of lead zirconate-lead titanate solid-solution ceramics [J]. J. Appl Phys, 1954, 25:809-810.

[8] Scott J F. Applications of Modern Ferroelectrics [J]. Science, 2007, 315:954-959.

[9] Damjanovic D. Ferroelectric, dielectric and piezoelectric properties of ferroelectric thin films and ceramics[J]. Rep

Prog Phys, 1998,61:1267-1324.

[10] Gruverman A, Kholkin A. Nanoscale Ferroelectrics: Processing, Characterization and Future Trends[J]. Rep Prog Phys, 2006, 69:2443-2474.

[11] Blank T A, Eksperiandova L P, Belikov K N.Recent trends of ceramic humidity sensors development: A review[J]. Sensors and Actuators B, 2016, 228:416-442.

[12] Eric Cross. Lead-free at Last[J]. Nature, 2004, 432(4):24-27.

[13] Zhao W, Ya J, Xin Y, Liu Z.Fabrication of lead free piezoelectric ceramics by (reactive) templated grain growth[J]. Recent Patents on Materials Science, 2008, 1:241-248.

[14] Liu W F, Ren X B. Large Piezoelectric Effect in Pb-Free Ceramics [J]. Phys Rev Lett, 2009, 103:257602-4.

[15] Sun E W, Cao W W. Relaxor-based ferroelectric single crystals: growth, domain engineering, characterization and applications[J]. Prog Mater Sci, 2014, 65:124-210.

[16] Wada S, Suzuki S, Noma T, Suzuki T, Osada M, Kakihana M, Park S E, Cross L E, Shrout T R. Enhanced piezoelectric property of barium titanate single crystals with engineered domain configurations[J]. Jpn J Appl Phys, 1999, 38:5505-5511.

[17] Hackenberger W, Luo J, Jiang X N, Snook K A, Rehrig P W, Zhang S J, Shrout T R.Handbook of Advanced Dielectric, Piezoelectric and Ferroelectric Materials Synthesis, Characterization and Applications[M]. Woodhead, Cambridge, England, 2008:73-78.

[18] Liu G, Zhang S J, Jiang W H, Cao W W. Losses in ferroelectric materials[J]. Materials Science and Engineering R, 2015, 89:1-48.

[19] 张发强, 李永祥. 铋层状结构铁电体的研究进展[J]. 无机材料研究学报, 2014, 29(5):449-461.

[20] Aurivillius B. Mixed bismuth oxides with layer lattices 1 The structure type of $CaNb_2Bi_2O_9$[J]. Arkiv for Kemi, 1950, 1(5):463-480.

[21] Aurivillius B.Mixed bismuth oxides with layer lattices 2 Structure of $Bi_4Ti_3O_{12}$[J]. Arkiv for Kemi, 1950, 1(6):499-512.

[22] Aurivillius B. Mixed bismuth oxides with layer lattices Ⅲ Structure of $BaBi_4Ti_4O_{15}$[J]. Arkiv for Kemi, 1950, 2(6):519-527.

[23] Stoltzfus M W, Woodward P M, Seshadri R. Structure and bonding in $SnWO_4$, $PbWO_4$, and $BiVO_4$: Lone pairs vs inert pairs. [J] Inorganic Chemistry, 2007, 46(10):3839-3850.

[24] Qing M A, Li Q L, Zhang Q, et, al. A study of the lead-free piezoelectric ceramic materials[J]. Piezoelectricity, Acoustic Waves and Device Applications, 2007:6-9.

[25] Zhang S J, Yu F P. Piezoelectric materials for high temperature sensors[J]. J Am Ceram Soc, 2011, 94(10): 3153-3170.

[26] Tressler J F, Alkoy S, Newnham R E. Piezoelectric sensors and sensor materials[J]. Journal of Electroceramics, 1998, 2(4):257-272.

[27] Yan H X, Li C E, Zhou J G. Structures and properties of bismuth layer-structured piezoelectric ceramics with high TC[J]. Journal of Inorganic Materials, 2000, 15(2):209-220.

[28] Shimakawa Y, Kubo Y, Nakagawa Y, Kamiyama T, Asano H, Izumi F. Crystal structures and ferroelectric properties of $SrBi_2Ta_2O_9$ and $Sr_{0.8}Bi_{2.2}Ta_2O_9$[J]. Appl Phys Lett, 1999,74:1904-1906.

[29] Noguchi Y, Miyayama M, Kudo T. Direct evidence of A-site-deficient strontium bismuth tantalate and its enhanced ferroelectric properties[J]. Phys Rev, 2001, B63:214102-7.

[30] 丁彦霞. $SrBi_4Ti_4O_{15}$ 与 $CaBi_4Ti_4O_{15}$ 铁电薄膜制备与性能研究[D].济南: 济南大学, 2007.

[31] Wei T, Dong Z, Zhao C Z, Ma Y J, Zhang T B, Xie Y F, Zhou Q J, Li Z P. Up-conversion luminescence and temperature sensing properties in Er-doped ferroelectric $Sr_2Bi_4Ti_5O_{18}$[J]. Ceramics International, 2016, 42(4):5537-5545.

[32] Ismunandar, Kamiyamaa T, Hoshikawa A, Zhou Q, Kennedy B J, Kubota Y, Kato K. Structural studies of five layer Aurivillius oxides: $A_2Bi_4Ti_5O_{18}$(A=Ca, Sr, Ba and Pb) [J]. Journal of Solid State Chemistry, 2004, 177: 4188-4196.

[33] Grabowska E. Selected perovskite oxides:Characterization, preparation and photocatalytic properties-A review[J]. Applied Catalysis B: Environmental, 2016, 186:97-126.

[34] Cao Z P, Wang C M, Zhao T L, et al. Piezoelectric properties and thermal stabilities of strontium bismuth titanate($SrBi_4Ti_4O_{15}$)[J]. Ceramics International, 2015, 41:13974-13982.

[35] Elayaperumal E, Malathi M. Effect of CuO addition on magnetic and electrical properties of $Sr_2Bi_4Ti_5O_{18}$ lead-free ferroelectric ceramics[J]. Ceramics International, 2016, 42(5):5830-5841.

[36] Parida G, Bera J. Dielectric and ferroelectriproperties of $SrBi_4Ti_4O_{15}$-$Sr_2Bi_4Ti_5O_{18}$ composite ceramics [J]. Ceramics International, 2014, 40(9B):14913-14917.

[37] 张丰庆. $Ca_xSr_{1-x}Bi_4Ti_4O_{15}$铁电陶瓷及薄膜的制备及性能研究[D]. 济南: 山东建筑大学, 2007.

[38] Fan S H, Che Q D, Zhang F Q, Yu R, Hu W. Enhanced Ferroelectric Properties of Predominantly (100)-oriented $Ca_{0.4}Sr_{0.6}Bi_4Ti_4O_{15}$ Thin Films on $Pt/Ti/SiO_2/Si$ Substrates[J]. J Mater Sci Technol, 2010, 26(11):981-985.

[39] Fan S H, Yu R, Zhang F Q, Che Q D, Hu W. Structure and property of a vertical cutting $Ca_{0.4}Sr_{0.6}Bi_4Ti_4O_{15}$ ferroelectric ceramic[J]. Journal of Ceramic Processing Research, 2011, 12(3):265-268.

[40] Fan S H, Dong P C, Zhang F Q, Chen Y, Wang Y Y. Preparation and growth of predominantly (100)-oriented $Ca_{0.4}Sr_{0.6}Bi_4Ti_4O_{15}$ thin film by rapid thermal annealing[J]. J Am Ceram Soc, 2012, 95(6):1889-1893.

[41] Zhang F Q, Dong P C, Fan S H.Electrical properties of predominantly (100)-oriented of Ca^{2+}modified[J]. Journal of Ceramic Processing Research. 2015, 16(5):511-514.

[42] 范素华, 张丰庆, 车全德, 于冉, 田清波. 烧结温度对 $Sr_2Bi_4Ti_5O_{18}$ 铁电陶瓷性能的影响[J]. 材料热处理学报, 2009, 30(6):5-8.

[43] Zhang S T, Xiao C S, Fang A A, Yang B, Sun B, Chen Y F, Liu Z G. Ferroelectric properties of $Sr_2Bi_4Ti_5O_{18}$ thin films[J]. Appl Phys Lett, 2000, 76(21):3112-3114.

[44] Qiang F, He J H, Zhu J, Chen X B. Ferroelectric and dielectric properties of bismuth-layered structural $Sr_2Bi_{4-x}Ln_xTi_5O_{18}$ (Ln=La, Nd, Sm and Dy) ceramics[J]. Journal of Solid State Chemistry, 2006, 179: 1768-1774.

[45] Cui L, Hu Y J. Ferroelectric properties of neodymium-doped $Sr_2Bi_4Ti_5O_{18}$ thin film prepared by solgel route[J]. Physica B: Condensed Matter, 2009, 404(1):150-153.

[46] Wei T, Dong Z, Zhao C Z, Ma Y J, Zhang T B, Xie Y F, Zhou Q J, Li Z P. Up-conversion luminescence and temperature sensing properties in Er-doped ferroelectric $Sr_2Bi_4Ti_5O_{18}$[J]. Ceramics International, 2016, 42: 5537-5545.

[47] Shimakawa Y, Kubo Y, Tauchi Y, Asano H, Kamiyama T, Izumi F, Hiroi Z. Crystal and electronic structures of $Bi_{4-x}La_xTi_3O_{12}$ ferroelectric materials[J]. Appl Phys Lett, 2001, 79:2791-2793.

[48] Cohen R E. Ferroelectricity in Perovskite Oxides[J]. Nature, 1992, 358:136-138.

[49] Park B H, Kang B S, Bu S D, Noh T W, Lee J, Jo W.Lanthanum-substituted bismuth titanate for use in non-volatile memories[J]. Nature, 1999, 401:682-684.

[50] Shimakawa Y, Kubo Y, Nakagawa Y, Goto S, Kamigama T, Asano H. Phys Crystal structure and ferroelectric properties of $ABi_2Ta_2O_9$(A=Ca, Sr, and Ba)[J]. Phy Rev B, 2000, 61:6559-6564.

[51] Jin S, Salvado I M M, Costa M E V. Structure, dielectric and ferroelectric anisotropy of $Sr_{2-x}Ca_xBi_4Ti_5O_{18}$ ceramics[J]. Materials Research Bulletin, 2011, 46:432-437.

[52] Chen Q, Xu Z J, Chu R Q. Ferroelectric and dielectric properties of $Sr_{2-x}(Na,K)_xBi_4Ti_5O_{18}$ lead-free piezoelectric ceramics[J]. Physica B, 2010, 405:2781-2784.

[53] Xu Z J, Chu R Q, Hao J G, et al. Study on high temperature performances for bismuth layer-structured $(Sr_{1-x}Ca_x)_2Bi_4Ti_5O_{18}$ ($0 \leq x \leq 1$) ceramics[J]. Journal of Alloys and Compounds, 2009, 487(1-2):585-590.

[54] 羌峰. $Sr_2Bi_4Ti_5O_{18}$ 层状钙钛矿铁电体 A 位掺杂研究[D]. 扬州: 扬州大学, 2005.

[55] Noguchi Y, Miwa, Goshima Y, Miyayama M. Defect control for large remanent polarization in bismuth titanate ferroelectrics: doping effect of higher-valent cations[J]. Jpn J Appl Phys, 2000, 39(12B):1259-1262.

[56] Noguchi Y, Miyayama M. Large remanent of polarization of vanadium-doped $Bi_4Ti_3O_{12}$[J]. Appl Phys Lett, 2001, 78:1903-1905.

[57] Yao Y Y, Song C H, Bao P, Su D. Doping effect on the dielectric property in bismuth titanate[J]. J Appl Phys, 2004, 95(6):3126-3130.

[58] 卢网平. 掺杂对铁电材料 $Sr_2Bi_4Ti_5O_{18}$ 性能影响的研究[D]. 扬州: 扬州大学, 2004.

[59] Abah R, Gai Z G, Zhan S Q, Zhao M L.The effect of B-site (W/Nb) co-substituting on the electrical properties of sodium bismuth titanate high temperature piezoceramics[J]. Journal of Alloys and Compounds, 2016, 664:1-4.

[60] Noguchi Y, Miyayama M, Kudo T.Ferroelectric properties of intergrowth $Bi_4Ti_3O_{12}$-$SrBi_4Ti_4O_{15}$ ceramics[J]. J Appl Phys, 2000, 77(22):3639.

[61] Goshima Y, Noguchi Y, Miyayama M. Dielectric and ferroelectric anisotropy of intergrowth $Bi_4Ti_3O_{12}$-$PbBi_4Ti_4O_{15}$ single crystals[J]. J Appl Phys, 2002, 81(12):2226.

[62] Luo S, Noguchi Y, Miyayama M, Kudo T.Rietveld analysis and dielectric properties of Bi_2WO_6-$Bi_4Ti_3O_{12}$ ferroelectric system[J]. Materials Research Bulletin, 2001, 36(3-4):531-540.

[63] Teague J R, Gerson R, James J. Dielectric hysteresis in single crystal $BiFeO_3$[J]. Solid State Communication, 1970, 8(13):1073-1074.

[64] Kubel F, Schmid H. Structure of a Ferroelectric and ferroelastic monodomain crystal of the perovskite $BiFeO_3$[J]. Acta Crystal B, 1990, 46(6):698-702.

[65] Neaton J B, Ederer C, Waghmare U V, et al. First-principles study of spontaneous polarization in multiferroic BFO thin films[J]. Physics Review B, 2005, 71(1):014113-1-8.

[66] Wang J, Neaton J B, Zheng H, et al. Epitaxial $BiFeO_3$ multiferroic thin film heterostructures[J]. Science, 2003, 299:1719-1722.

[67] Kubel F, Schmid H. Structure of a ferroelectric and ferroelastic monodomain crystal of the perovskite $BiFeO_3$[J]. Acta Crystal, 1990, 46(6):698-702.

[68] Zhao T, Scholl A, Zavaliche F, et al. Electrical control of antiferromagnetic domains in multiferroic $BiFeO_3$ films at room temperature[J]. Nature Material, 2006, 5(10):823-829.

[69] Zaslavskii A I, Tutov A G. The structure of a new antiferromagnetic $BiFeO_3$[J]. Doklady Akademii Nauk Sssr, 1960, 135(4):815-817.

[70] Biasotto G, Moura F, Foschini C, et al. Thickness-dependent piezoelectric behaviour and dielectric properties of lanthanum modified BiFeO₃ thin films[J]. Processing and Application of Ceramics, 2011, 5(1):31-39.

[71] Park J M, Fumiya G, Seiji N, et al. Multiferroic properties of polycrystalline Zn-substituted BiFeO₃ thin films prepared by pulsed laser deposition[J]. Current Applied Physics, 2011, 11:S270-S273.

[72] Sone K, Naganuma H, Miyazaki T, et al. Crystal structures and electrical properties of epitaxial BiFeO₃ thin films with (001), (110), and (111) orientations [J].Japanese Journal Applied Physics, 2010, 49: 09MB03-1-6.

[73] Wu J, Wang J, Xiao D, et al. BiFeO₃/Zn₁₋ₓMnₓO bilayered thin films [J]. Applied Surface Science, 2011, 258: 1390-1394.

[74] Kawae T, Terauchi Y, Tsuda H, et al. Improved leakage and ferroelectric properties of Mn and Ti codoped BiFeO₃ thin films [J]. Applied Physics Letters, 2009, 94:112904-1-3.

[75] Wu J, Qiao S, Wang J, et al. A giant polarization value of Zn and Mn co-modified bismuth ferrite thin films[J]. Applied Physics Letters, 2013, 102:052904-1-3.

[76] Lee S U, Kim S S, Park M H, et al. Effects of co-substitution on the electrical properties of BiFeO₃ thin films prepared by chemical solution deposition[J]. Applied Surface Science, 2007, 254(5):1493-1497.

[77] Wang D Y, Chan N Y, Zheng R K. Multiferroism in orientational engineered (La, Mn) co-substituted BiFeO₃ thin films[J]. Journal of Applied Physics, 2011, 109:114105-1-7.

[78] Lahmar A, Zhao K, Habouti S, et al. Off-stoichiometry effects on BiFeO₃ thin films[J]. Solid State Ionics, 2011, 202:1-5.

[79] Maeng W J, Son J Y. Tetragonally strained BiFeO₃ thin film on single crystal Rh substrate[J]. Journal of Crystal Growth, 2012, 363:105-108.

[80] Pabst G W, Martin L W, Chu Y H, et al. Leakage mechanisms in BiFeO₃ thin films[J]. Applied Physics Letters, 2007, 90:072902-1-3.

[81] Biegalski M D, Kim D H, Choudhury S, et al. Strong strain dependence of ferroelectric coercivity in a BiFeO₃ film[J]. Applied Physics Letters, 2011, 98:142902-1-3.

[82] Li P, Lin Y H, Nan C W. Effect of nonmagnetic alkaline-earth dopants on magnetic properties of BiFeO₃ thin films[J]. Journal of Applied Physics, 2011, 110:033922-1-6.

[83] Ahadi K, Mahdavi S M, Nemati A. Effect of chemical substitution on the morphology and optical properties of Bi₁₋ₓCaₓFeO₃ films grown by pulsed-laser deposition[J].Journal of Materials Science: Materials in Electronics, 2013, 24:248–252.

[84] Park J M, Fumiya G, Seiji N, et al. Multiferroic properties of polycrystalline Zn-substituted BiFeO$_3$ thin films prepared by pulsed laser deposition[J]. Current Applied Physics, 2011, 11:S270-S273.

[85] Wei J, Xue D. Effect of non-magnetic doping on leakage and magnetic properties of BiFeO$_3$ thin films[J]. Applied Surface Science, 2011, 258:1373-1376.

[86] Lee M H, Park J S, Kim D J, et al. Ferroelectric properties of Mn-doped BiFeO$_3$ thin films[J]. Current Applied Physics, 2011, 11:S189-S192.

[87] Lee S U, Kim S S, Park M H, et al. Effects of co-substitution on the electrical properties of BiFeO$_3$ thin films prepared by chemical solution deposition[J]. Applied Surface Science, 2007, 254(5):1493-1497.

[88] Huang J Z, Shen Y, Li M, et al. Structural transitions and enhanced ferroelectricity in Ca and Mn co-doped BiFeO$_3$ thin films[J]. Journal of Applied Physics, 2011, 110:094106-1-7

[89] Raghavan C M, Kim J W, Kim S S. Structural and ferroelectric properties of chemical solution deposited (Nd, Cu) co-doped BiFeO$_3$ thin film[J]. Ceramics International, 2013, 39(4):3563-3568.

[90] Sone K, Naganuma H, Miyazaki T, et al. Crystal structures and electrical properties of epitaxial BiFeO$_3$ thin films with (001), (110), and (111) orientations[J]. Japanese Journal of Applied Physics, 2010, 49:09MB03-1-6.

[91] Wu J G, Qiao S, Wang J, et al. A giant polarization value of Zn and Mn co-modified bismuth ferrite thin films[J]. Applied Physics Letters, 2013, 102:052904-1-3.

[92] Wang D Y, Chan N Y, Zheng R K. Multiferroism in orientational engineered (La, Mn) co-substituted BiFeO$_3$ thin films[J]. Journal of Applied Physics, 2011, 109:114105-1-7.

[93] Yan F, Zhu T J, Lai M O, et al. Effect of bottom electrodes on nanoscale switching characteristics and piezoelectric response in polycrystalline BiFeO$_3$ thin films[J]. Journal of Applied Physics, 2011, 110: 084102-1-7.

[94] Chen X M, Hu G D, Wang X, et al. Thickness Effects of Bi$_{3.5}$Nd$_{0.5}$Ti$_3$O$_{12}$ buffer layers on structure and electrical properties of BiFeO$_3$ films[J]. Journal of Material Science, 2009, 44:3556-3560.

[95] Wu J G, John W. Improved Ferroelectric and Fatigue Behavior of Bi$_{0.95}$Gd$_{0.05}$FeO$_3$/BiFe$_{0.95}$Mn$_{0.05}$O$_3$ Bilayered Thin Films[J]. Journal of Physics Chemistry C, 2010, 114:19318-19321.

[96] Ke Q Q, Lu W L, Huang X L, et al. Highly (111)-Orientated BiFeO$_3$ Thin Film Deposited on La$_{0.67}$Sr$_{0.33}$MnO$_3$ Buffered Pt/TiO$_2$/SiO$_2$/Si (100) Substrate[J]. Journal of The Electrochemical Society, 2012, 159(2):11-14.

[97] Kumar M M, Srinivas A, Suryanarayana S V. Structure Property Relations in BiFeO$_3$/BaTiO$_3$ Solid Solutions[J]. J Appl Phys, 2000, 87(2):855-862.

[98] Chandarak S, Ngamjarurojana A, Srilomsak S, et al. Dielectric Properties of BaTiO₃-Modified BiFeO₃ Ceramics[J]. Ferroelectrics, 2011, 410(1):75-81.

[99] Shuvrajyoti B, Saurabh T, Dhananjai P. Morphotropic phase boundary in $(1-x)$BiFeO₃-xPbTiO₃: phase coexistence region and unusually large tetragonality [J]. Appl Phys Lett, 2007, 91(4): 042903-1-3.

[100] Sai Sunder V V S S, Halliyal A, Umarji A M. Investigation BiFeO₃-PbTiO₃ system by high-temperature X-ray diffraction [J]. J Mater Res, 1995, 10(5):1301-1306.

第**2**章 | 实验设计及性能表征

2.1 实验所需原料

实验所用主要化学原料如表 2.1 所示。

表 2.1 实验所用主要化学原料

名称	分子式	分子量	纯度	生产商
硝酸铁	$Fe(NO_3)_3 \cdot 9H_2O$	404.00	分析纯	国药集团（上海）化学试剂公司
硝酸铋	$Bi(NO_3)_3 \cdot 5H_2O$	485.07	分析纯	国药集团（上海）化学试剂公司
硝酸锌	$Zn(NO_3)_2 \cdot 6H_2O$	297.49	分析纯	阿拉丁试剂（上海）有限公司
硝酸铜	$Cu(NO_3)_2 \cdot 3H_2O$	241.60	分析纯	阿拉丁试剂（上海）有限公司
乙酸锰	$MnC_4H_6O_4 \cdot 4H_2O$	245.09	分析纯	阿拉丁试剂（上海）有限公司
无水乙醇	CH_3CH_2OH	46.07	分析纯	天津市富宇精细化工有限公司
冰醋酸	CH_3COOH	60.05	分析纯	国药集团（上海）化学试剂公司
乙二醇	$HOCH_2CH_2OH$	62.07	分析纯	国药集团（上海）化学试剂公司
乙酰丙酮	$C_5H_8O_2$	100.12	分析纯	国药集团（上海）化学试剂公司
乙酸钙	$Ca(C_2H_3O_2)_2 \cdot H_2O$	176.18	分析纯	阿拉丁试剂（上海）有限公司
乙酸锶	$Sr(CH_3OO)_2 \cdot 0.5H_2O$	205.71	分析纯	阿拉丁试剂（上海）有限公司
乙酸锰	$MnC_4H_6O_4 \cdot 4H_2O$	245.09	分析纯	阿拉丁试剂（上海）有限公司
丙酮	CH_3COCH_3	58.08	分析纯	莱阳市康德化工有限公司
钛酸四丁酯	$Ti(OC_4H_9)_4$	340.36	分析纯	国药集团（上海）化学试剂公司

2.2 实验设备及测试仪器

陶瓷薄膜的制备以及结构和性能表征所用到的主要仪器设备如表 2.2 所示。

表 2.2　实验所用主要仪器设备

名称	型号	生产商或产地
超声波清洗器	KQ2200	昆山市超声仪器有限公司
电热板多头磁力搅拌器	HJ-6A	金坛市文华仪器有限公司
快速退火炉	RTP-500	北京东之星应用物理研究所
台式匀胶机	KW-4A	中国科学院微电子研究所
不锈钢电热板	DB-ⅡA	江苏金坛医疗仪器厂
电热鼓风干燥箱	101-1AB	天津市泰斯特仪器有限公司
电子天平	AB204-S	Mettler-Toledo 公司
箱式电阻炉	Sx_2-12-16	山东龙口电炉厂
小型离子溅射仪	JS-1600	北京和同创业科技有限责任公司
行星式球磨机	PM 系列	南京驰顺科技发展有限公司
介电性能、交流阻抗和交流电导率测试仪	Agilent 4284A	美国安捷伦科技公司
扫描电子显微镜	Nova Nano SEM450	美国 FEI 公司
原子力显微镜	NSIV	美国 DI 公司
PFM 测试仪	Multimode 8	德国 Brucker 公司
铁磁性测试仪	PPMS	美国 Quantum Design 公司
铁电测试仪	Multiferroic	美国 Radiant 公司
X 射线衍射仪	D8-ADVANCE	德国 Bruker 公司
介电测试仪	TH2828L	苏州新同惠电子有限公司
电动压片机	DY-30	天津高科
等静压成型机	160M	中材高新
除湿器	LJSM-01A	上海
全方位行星磨	PM	南京驰顺科技发展有限公司
铁电测试台	Radiant Precision Workstation	美国 Radiant 公司
差热分析仪	STA 409 EP	德国耐驰
扫描电镜	JSM-6380LA	日本
高分辨扫描电子显微镜	Fei Nova Nano SEM 450	美国
透射电镜	JEM2100	日本
低频阻抗分析仪	Agilent 4294A	美国安捷伦科技公司
振动样品磁强计（VSM）	CCS-750	北京飞斯科技有限公司
傅里叶变换红外光谱仪	Nexus-670	美国
宽频介电阻抗谱仪	Novocontrol	德国
拉曼光谱仪	LabRAM HR80	美国
X 射线光电子能谱仪	Wscalab	美国

2.3 制备工艺流程

2.3.1 薄膜的制备流程

本书采用溶胶-凝胶法结合层层退火工艺制备铁电薄膜,制备薄膜的过程主要分为三个阶段,即前驱体溶液的配制阶段、湿膜制备阶段以及热处理阶段。以 $BiFe_{1-x}Mn_xO_3$ 为例进行说明,具体的工艺流程如图 2.1 所示,其他工艺流程类似此工艺过程,在此不再赘述。

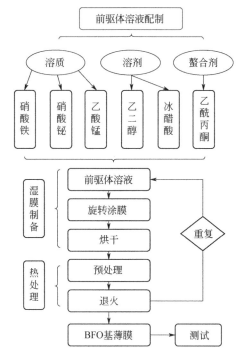

图 2.1　溶胶-凝胶法制备 BFO 基薄膜工艺流程图

2.3.1.1　衬底的准备

选择 ITO 与 BFO 薄膜之间没有外延生长关系且 BFO 薄膜与 ITO 底电极之间的扩散较小的 ITO/玻璃作为衬底。底电极的表面电阻小于 7Ω/sq。在使用之前需要对衬底进行如下预处理:

① 衬底的切割。实验室购买的 ITO 导电玻璃的规格为 100mm×100mm,为了满足实验要求,需要将其切割成 20mm×20mm 的小片。切割之前首先需要确

定 ITO 层，将 ITO 层朝下进行切割，以保护 ITO 导电层不被破坏。切割时用力要均匀适度，以保证切出的片子形状规则。

② 衬底的清洗。将切好的小片依次放入丙酮、无水乙醇和去离子水中分别超声清洗 10～15min，以去除衬底表面的有机污染物和颗粒污染物。清洗完成后，将片子放在滤纸上吸干背面的水分，用匀胶机甩掉衬底上部的水分，然后置于200℃的电热板上烘干（180s）。

③ 衬底预烧。将 ITO/玻璃衬底放入快速退火炉中，在 450℃的条件下预处理 180s，以去除衬底材料中存在的残余应力，将处理好的衬底置于干净的培养皿中，为旋涂铁电薄膜做准备。

2.3.1.2　前驱体溶液的配制

高质量的前驱体溶液对环境温度和湿度也有较高的要求，一般温度需要控制在室温（25℃左右），湿度一般 30%以下。

首先用电子天平按化学计量比精确称取各溶质 [硝酸铋需过量 5%（摩尔分数）以弥补高温退火过程中铋元素的挥发]，溶解于冰醋酸∶乙二醇=3∶1 的混合溶剂中，室温下在多头磁力搅拌器上均匀搅拌 8h，之后加入适量的螯合剂乙酰丙酮，继续搅拌 12h，最终得到一定浓度、均匀、稳定的暗红色不透明溶液。将所得溶液在常温下静置 24h，得到所需前驱体溶液。

2.3.1.3　湿膜制备及热处理

① 旋转涂膜。将预处理过的 ITO/玻璃衬底置于匀胶机的样品台上，打开真空泵以将衬底牢固吸附于样品台上，然后用移液器将配制好的前驱体溶液滴在衬底上，等待 30s 以使溶液在衬底上充分扩散，启动匀胶机，将衬底以设定的速度转动。匀胶机先在 1000r/min 的转速下甩胶 10s，然后在 4000r/min 匀胶 30s。通过匀胶机高速旋转即可得到一定厚度的湿膜。

② 烘干。匀胶结束后，迅速将湿膜转移到 250℃的电热板上烘干，使湿膜中的部分有机溶剂挥发，得到干凝胶膜。

③ 预处理。将烘干后的薄膜放入快速退火炉中，在 350℃下保温 180s，热处理的目的是消除干凝胶中的气孔，使薄膜的相组成和显微结构满足要求。

④ 退火。预处理阶段结束后，继续将炉温升高至 500℃，保温 300s 以完成退火过程，使薄膜充分结晶。

⑤ 层层退火。重复步骤①～④直到获得所需的薄膜厚度。

2.3.2 陶瓷的制备流程

CBT、SBT 和 CSBT 陶瓷具有相同的制备工艺过程，以 CSBT 陶瓷为例进行说明，主要制备工艺流程如图 2.2 所示。

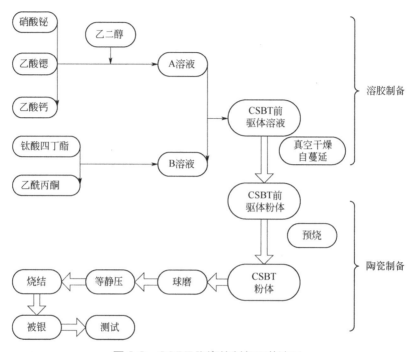

图 2.2 CSBT 陶瓷的制备工艺流程

① 以乙酸钙 [Ca(CH$_3$OO)$_2$·H$_2$O]、乙酸锶 [Sr(CH$_3$OO)$_2$·0.5H$_2$O]、硝酸铋 [Bi(NO$_3$)$_3$·5H$_2$O] 和钛酸四丁酯 [Ti(OC$_4$H$_9$)$_4$] 分别作为 Ca、Sr、Bi 和 Ti 的离子源，乙二醇作为溶剂。按照化学组成式 Ca$_x$Sr$_{2-x}$Bi$_4$Ti$_5$O$_{18}$(CSBT)将乙酸钙、乙酸锶、硝酸铋溶于乙二醇，钛酸四丁酯螯合乙酰丙酮充分搅拌，再将混合均匀的上述两种溶液充分搅拌混合，得到淡黄色澄清透明的溶液。由于 Bi 元素具有挥发性，在计算 Bi(NO$_3$)$_3$·5H$_2$O 时按 10%过量计算，以弥补实验过程中由 Bi 元素挥发所造成的损失。

② 在 50~70℃真空干燥箱中干燥 5d 左右，大量有机物挥发，变成黏稠的液体，将黏稠的液体点燃发生自蔓延燃烧，通过控制燃烧速度，自然发泡形成疏松多孔的淡黄色纳米级粉体，得到前驱体粉体。

③ 在不同温度下进行预烧处理，得到初步晶化的 CSBT 粉体，将粉体球磨、干燥、等静压成型（160MPa），将压好的生坯进行切割，在 1050～1210℃烧结，保温 2～4h，烧银制备电极，测试其电学性能。

2.4　样品表征方法

2.4.1　物相分析

20 世纪 90 年代，著名的物理学家伦琴在研究阴极射线时，发现了 X 射线，当时对它的本质还不够清楚。随着研究人员的不断探索，后来人们认清了它的本质，X 射线从本质上和可见光、无线电波一样，也是一种电磁波，但是其波长范围比较小，处于紫外线和 γ 射线之间。X 射线主要可以分为两种，一种是连续型 X 射线，另一种为特征 X 射线。工作原理为：高速运动的电子轰击原子内层的电子，电子发生跃迁产生光辐射。晶体内的原子在 X 射线的作用下产生的相干散射继续发生光的干涉，因此，X 射线的大小随着干涉作用的变化而改变，由于晶体中含有大量的原子，这些原子相互之间干涉产生的强度最大的光束就是测试的结果。晶胞中原子的种类和位置[1]对衍射线的强度影响较大。英国著名物理学家布拉格提出了晶体衍射的方程式，即著名的布拉格（W. L. Bragg）方程[2]：

$$2d_{(hkl)}\sin\theta_{(hkl)}=n\lambda \tag{2.1}$$

式中，（hkl）为晶面指数；d 为晶面间距；θ 为掠射角；λ 为 X 射线的波长；n 为衍射级数。X 射线布拉格衍射见图 2.3。

布拉格方程是 X 射线分析的根基。X 射线衍射仪的原理和方法相同，但得到的衍射花样不同，X 射线衍射仪一般采用带有发散度的入射线，同时也采用"同一圆周上具有相同弧长的圆周角相等"的原理来聚焦，不同的是聚焦圆半径随着 2θ 的变化而改变。X 射线衍射（X-ray diffraction，XRD）在材料的发展和研究中发挥着举足轻重的作用。

本书使用德国 Bruker 公司的 D8-ADVANCE 型 X 射线衍射仪对所制备的 BFO 基铁电薄膜的物相进行鉴定，并进一步计算分析样品薄膜的晶粒尺寸大小和取向关系。扫描方式为 θ～2θ 连动，所用靶材为 Cu (Kα，λ=0.154178nm)，管电压为 35kV，管电流为 40mA，扫描范围 $2\theta=20°\sim60°$。

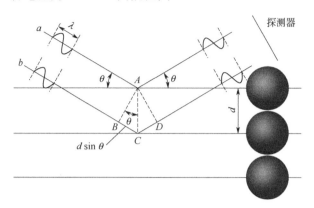

图 2.3　X 射线布拉格衍射示意图

2.4.2　微观形貌分析

扫描电子显微镜（SEM）是一种介于光学显微镜和透射电子显微镜之间的微观形貌观测手段，从原理上讲就是利用高能电子束扫描试样表面以激发出样品信息的电子显微镜。它拥有较高的放大倍数，成像立体，制样简单，且能够实现无损测量，因此目前被广泛用于鉴定样品的表面结构。

扫描电子显微镜主要由三个基本部分组成：电子光学成像系统；信号处理、图像显示和记录系统；真空系统。其成像原理与电视机类似，主要利用扫描来分解与合成影像。它是利用加热钨丝所发射出来的电子束，经过栅极静电聚焦后，形成大小约为 $10\sim50\mu m$ 的点光源，在阳极加速电压（$0.2\sim40$kV）的作用下，经过 $2\sim3$ 个电磁透镜所组成的光学系统，最终汇聚成直径约为 $5\sim10$nm 的电子束聚焦在试样表面。由于在末级透镜上装有扫描线圈，可以使电子束在试样上扫描，高能电子束与物质相互作用会产生各种信号，如二次电子、背散射电子、吸收电子、透射电子和 X 射线等。其扫描过程就是把电子束从左到右，然后下移一行再从左到右照射在样品上。这种从左到右的扫描称为"行扫描"，而从上到下的扫描称为"帧扫描"。一次从上到下，完成一幅完整画面的全部行扫描称为一帧。

2.4.3　差热-热重分析

利用差热-热重分析（DSC-TG）可以得出未知材料的温度曲线，结合吸（放）

热峰以及重量损失变化可以判断材料的结晶温度、热解温度及晶型转变温度，有些材料的居里温度比较高，利用其他测试手段不易测试出其转变温度，可以用 DSC 的峰值变化判断晶型转变温度，本书使用的是德国耐驰的 STA 409 EP 型设备。

2.4.4　化合价分析

化合价分析（XPS）的原理是用 X 射线辐射样品，使原子或分子的芯电子或价电子激发出来，形成光电子，通过测量光电子的能量，以光电子的动能/束缚能为横坐标，相对强度为纵坐标可作出光电子能谱图。通过 XPS 可以确定样品中某些元素的化合价及能量状态，通过 XPS peak41 分峰软件拟合出某些变价元素化合价的组成，在本书中用 wscalab X 射线光电子能谱仪分析铁元素和钛元素的化合价及比例，判断体系中氧空位的相对含量。

2.4.5　原子力显微镜、压电力显微镜

原子力显微镜（atomic force microscope，AFM）是一种固体材料表面结构的分析仪器，可提供固体表面的三维图像，并且具有无损的特点。

原子力显微镜（AFM）的基本原理是：将一个对微弱力极敏感的微悬臂一端固定，另一端有一微小的针尖，针尖与样品表面轻轻接触，由于针尖尖端原子与样品表面原子间存在极微弱的排斥力，通过在扫描时控制这种力的恒定，带有针尖的微悬臂将对应于针尖与样品表面原子间作用力的等位面而在垂直于样品的表面方向起伏运动。利用光学检测法或隧道电流检测法，可测得微悬臂对应于扫描各点的位置变化，从而可以获得样品表面形貌的信息。AFM 系统结构示意图见图 2.4。

压电力显微镜（PFM）是在 AFM 基础上改进而得的针对压电和铁电材料的一种测试设备，是目前探测材料铁电畴结构的强有力手段，在畴加工、生物样品等方面有很大的作用，因此在铁电材料表征领域具有不可替代的作用。PFM 利用逆压电效应，在交流电压作用下，使铁电材料和测试针尖发生同频同相的振动，同时结合 AFM 将振动信号进行分析，得到相应图谱，图 2.5[3] 为 PFM 的工作原理图。

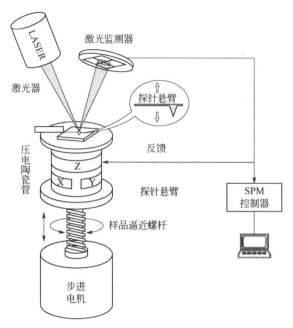

图 2.4 AFM 系统结构示意图

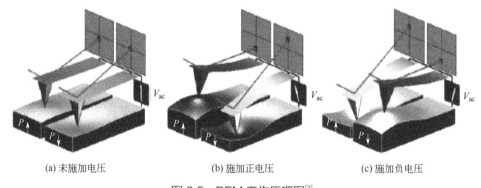

(a) 未施加电压   (b) 施加正电压   (c) 施加负电压

图 2.5 PFM 工作原理图[3]

本书使用德国 Bruker 公司生产的 Multimode8 PFM 测试仪。

2.5 性能测试方法

2.5.1 介电性能测试

电介质在外加电场作用下产生感应电荷而削弱场强，原外加电场与介质中电场的比值就是相对介电常数（relative permittivity，或 dielectric constant），又称电容率，和频率有关。它是描述电介质极化的物理量，是表征电介质的重要参数之一，也是设计铁电器件的重要参数。铁电体的介电常数数值较大，且与频率密切相关。

电介质在电场的作用下，由于介质电导和介质极化的滞后效应，在其内部发热引起的能量损耗，叫作介电损耗，其损耗因子为 $\tan\delta$，$\tan\delta$ 越大，介电损耗越大。介电损耗表征了电介质的品质，介电损耗越低，材料的性能越好。

测量介电常数时，测得的结果是薄膜的电容，因此需要换算。BFO 薄膜的介电性能测试基于平行板电容器，介电常数 ε 与电容 C 之间有如下关系：

$$\varepsilon = \frac{Cd}{\varepsilon_0 S} \tag{2.2}$$

式中，ε_0 为真空介电常数，$\varepsilon_0 = 8.85 \times 10^{-12}$；$S$ 为样品的电极面积，电极为圆形时，可由直径计算；d 为薄膜的厚度，可由 SEM 断面图测得；C 为样品的电容值。实验采用 Agilent 4294A 型低频阻抗分析仪测试薄膜的介电常数和介电损耗。测试同一样品的多个点电极，取其平均值。

测试前需要制备顶电极。使用离子溅射仪，通过辉光放电将 Au 溅射在所制备的 BFO 基铁电薄膜上，形成 Au/BFO/ITO（metal ferroelectric metal，MFM）电容器结构，所溅射的顶电极直径为 200μm。

2.5.2　铁电性能测试

观测 *P-E* 电滞回线的原理主要是基于 Sawyer-Tower 电路，如图 2.6 所示。图中，加在被观测材料组成的电容器 C_x 上的电压 V_1 等于示波器电极 1 和 2 之间的电压。当采用比试样的静电电容 C_x 大很多的标准电容 C_0 与试样串联接入电路时，交流电压 V 基本上全部加在试样上（即 $V_1 \approx V$）。由于流经 C_x 的电流也流入 C_0，因此 C_x 上电荷的变化便与 C_0 相等。如果用 Q 表示电荷，则电极 3 和 4 之间的电压就是 Q/C_0。因此，在示波器的荧光屏上就可观察到 Q/C_0-V，即对应于晶体的 *P-E* 电滞回线。

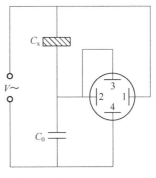

图 2.6　Sawyer-Tower
电路原理图

本书采用美国 Radiant 公司生产的 Multiferroic 型铁电测试仪来测试 BiFeO$_3$ 薄膜的铁电性能。测试前需要用离子溅射仪将 Au 溅射到铁电薄膜上做顶电极，形成 MFM 电容器结构，溅射的顶电极直径为 200μm。

2.5.3 磁性测试

振动样品磁强计是一种常用的磁性测量装置，利用它可以直接测量磁性材料的相关参数，诸如矫顽力、饱和磁化强度和剩磁等。主要原理是：振动样品采用体积较小的样品，样品在磁场中被磁化后，可以近似看作一个磁偶极子，如果样品按照一定方式振动，就等同于磁偶极场在振动，于是样品附近检测线圈内就有磁通量的变化，正比于磁化强度，本书用 CCS-750 型振动样品磁强计（VSM），测试常温的磁滞回线。

参考文献

[1] 李刚, 岳群峰, 林惠明, 等. 现代材料测试方法[M]. 北京: 冶金工业出版社, 2013.

[2] Liu M, Li X, Lou J, et al. A modified sol-gel process for multiferroic nanocomposite films[J]. Journal of Applied Physics, 2007, 102(8):083911-1-2.

[3] Kalinin S V, Bonnell D A. Imaging mechanism of piezoresponse force microscopy of ferroelectric surfaces[J]. Physical Review B, 2002, 65(12):125408-1-10.

第 3 章

掺杂对 BFO 薄膜性能的影响

3.1 退火温度对 BFO 薄膜结构和性能的影响

　　溶胶-凝胶法因为其制备成本低、热处理温度低和易于大面积成膜等优点，已经成为目前制备 BFO 薄膜的最常见的方法。在制备 BFO 薄膜的过程中，退火过程对薄膜的形核与长大程度起着至关重要的作用，会直接影响到薄膜最终的形貌及性能。薄膜的退火过程是由无定形态转变为结晶态的过程，结晶的过程主要包括形核与长大。退火温度越高，晶粒的长大也就越快。根据 Arrhenius 和 Beck 方程可知，到达结晶温度后进行保温时，晶粒的长大速度与温度的关系如下：

$$\frac{\mathrm{d}D}{\mathrm{d}t} = k\frac{1}{D}\mathrm{e}^{Q/RT} \tag{3.1}$$

式中　D——最终平均晶粒尺寸，μm；

　　　t——保温时间，s；

　　　Q——晶粒长大激活能，kJ/mol；

　　　R——气体常数；

　　　T——热力学温度，K；

　　　k——常数。

　　BFO 只能在特定的温度范围内形成纯相，退火温度过低会导致薄膜的晶粒发育不充分，退火温度过高又会导致 $Bi_2Fe_4O_9$ 等杂相的形成，从而影响薄膜的铁电性能。因此，合适的退火温度是制备出结构良好、性能优异的 BFO 薄膜的重要前提。薄膜最终的晶粒大小与退火温度密切相关，由式（3.1）可以得到晶粒最终尺寸与温度的关系如下：

$$D = (kt)^{1/2} \exp(-Q/RT) \tag{3.2}$$

制备 BFO 薄膜的过程中可能发生的主要反应如下：

$$4Bi(NO_3)_3 \cdot 5H_2O \longrightarrow 2Bi_2O_3 + 12NO_2\uparrow + 3O_2\uparrow + 5H_2O \tag{3.3}$$

$$4Fe(NO_3)_3 \cdot 9H_2O \longrightarrow 2Fe_2O_3 + 12NO_2\uparrow + 3O_2\uparrow \tag{3.4}$$

$$Bi_2O_3 + Fe_2O_3 \longrightarrow 2BiFeO_3 \tag{3.5}$$

当退火温度过高时，可能发生反应：

$$2Bi_2O_3 + 2Fe_2O_3 \longrightarrow Bi_2Fe_4O_9 + Bi_2O_3 \tag{3.6}$$

本节主要讨论退火温度对 BFO 薄膜的结构、形貌及铁电性能的影响，以进一步优化制备 BFO 薄膜的工艺参数，制备出结构均匀致密的 BFO 薄膜。采用溶胶-凝胶法制备纯相 BFO 前驱体溶液，将其涂覆到 ITO/玻璃衬底表面，然后用不同的温度进行层层退火，直至制备出所需厚度的薄膜。本节所用退火温度为 450℃、475℃、500℃和 525℃，保温 300s；预处理温度为 350℃，保温 180s。所制备薄膜总厚度约为 800nm。

3.1.1　退火温度对 BFO 薄膜晶体结构的影响

图 3.1 为不同退火温度（450～525℃）的 BFO 薄膜的 XRD 图谱，由图中可以看出薄膜呈随机取向，且退火温度对薄膜的结构影响较大。图中所有检测到的衍射峰均与扭曲的三角钙钛矿 R3c 结构相吻合（JCPDS 86-1518），在不同退火温度下制备的 BFO 薄膜结晶较好，表现出相似的多晶结构，且没有观察到 $Bi_2Fe_4O_9$ 和 Bi_2O_3 等杂相，这主要是因为前驱体溶液的均匀性及稳定性较好。退火温度为 450℃时，样品的衍射峰强度较小，半高宽也较大，表明薄膜结晶较差，晶粒生长不充分。随退火温度的升高，衍射峰强度逐渐增加并变得尖锐，说明薄膜的结晶度趋于变好。

为了更清晰起见，我们使用式（3.1）和式（3.2）分别计算了薄膜的晶粒尺寸及（012）取向晶粒的择优程度。图 3.2 为薄膜的晶粒尺寸和取向与退火温度的关系。由图 3.2 可知，随退火温度升高，薄膜结晶度增加，晶粒尺寸逐渐增加；（012）取向的择优度 $\alpha_{(012)}$ 呈现先增大后减小的趋势，退火温度为 500℃的 BFO 薄膜（012）取向的择优度最大，约为 79%。这是由于当退火温度低于 500℃时，随退火温度升高，薄膜结晶度提高，（012）取向的晶粒生长所需表面能逐渐降低，所以（012）取向的晶粒沿垂直薄膜表面方向比（110）取向的晶粒具有更快的生长速度。然而过高的退火温度将不利于晶粒沿（012）方向生长，而有利于晶粒沿（110）方向生长。当退火温度高于 500℃时，温度过高导致薄膜中缺陷增多，对晶体生长造成一定程度的抑制，薄膜结晶质量变差，衍射峰强度变小。

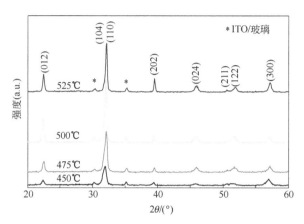

图 3.1 不同退火温度的 BFO 薄膜的 XRD 图谱

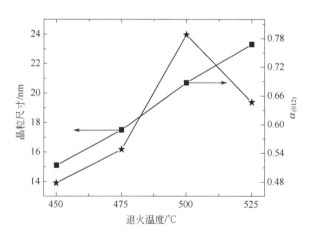

图 3.2 薄膜晶粒尺寸和（012）取向与退火温度的关系

3.1.2 退火温度对 BFO 薄膜微观形貌的影响

图 3.3 为不同退火温度的 BFO 薄膜断面的 SEM 图像，从图中可以清晰地分

辨出 BFO 层、ITO 层以及玻璃层。最上面一层是厚度约为 800nm 的 BFO 薄膜，中间一层为厚度约 200nm 的 ITO 电极，最下面的部分是玻璃衬底。可以看出薄膜结晶良好，结构非常致密，没有观察到疏松及气孔，薄膜的整体厚度较均匀，没有大的凸起或凹陷。

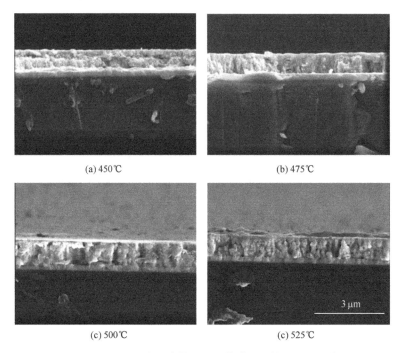

(a) 450℃   (b) 475℃

(c) 500℃   (c) 525℃

图 3.3　不同退火温度的 BFO 薄膜断面的 SEM 图像

图 3.4 为不同退火温度的 BFO 薄膜的 SEM 图像，从图中可以看出，四个退火温度下的薄膜都已经结晶，说明 450℃已经达到了 $BiFeO_3$ 薄膜的结晶温度。当退火温度不高于 500℃时，随退火温度升高，薄膜的晶粒逐渐长大，结晶颗粒细密而均匀。而当退火温度增加到 525℃时，薄膜中部分晶粒处于熔融状态，生长较快的晶粒开始吞噬生长慢的晶粒，晶粒异常长大，导致晶粒尺寸分布不均，表面粗糙度增大，这种晶粒尺寸分布不均匀会导致薄膜的表面出现气孔等缺陷，致密度下降，这些缺陷最终会导致薄膜的漏电流增大，电性能变差。

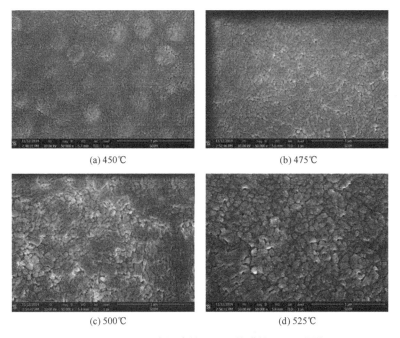

(a) 450℃　　　　　　　　　　(b) 475℃

(c) 500℃　　　　　　　　　　(d) 525℃

图 3.4　不同退火温度的 BFO 薄膜的 SEM 图像

3.1.3　退火温度对 BFO 薄膜铁电性能的影响

图 3.5 是在 1kHz 下测得的退火温度分别为 450℃、475℃、500℃和 525℃的 BFO 薄膜的 P-E 电滞回线。从图中可以看出，随着退火温度的升高，薄膜的剩余极化强度（P_r）逐渐增加，矫顽场强（E_c）逐渐减小，525℃退火的 BFO 薄膜的剩余极化达到 74μC/cm^2。这是由于退火温度升高，薄膜的结晶度提高，晶界处的缺陷减少，铁电畴翻转所需驱动力减小从而使薄膜更容易被极化。但是在退火温度为 525℃的样品的电滞回线中观察到了明显的漏电现象，这可能是退火温度过高使得晶粒处于熔融状态，部分晶粒异常长大而导致晶粒尺寸不均匀，薄膜中产生较多缺陷，从而致使薄膜的漏电增大，这与 SEM 图像中观察到的现象一致。退火温度过高还会导致薄膜中的氧元素偏离其正常位置，形成氧空位聚集在薄膜中，使氧化学计量比发生偏移，从而进一步造成铁的价态发生转化（Fe^{3+}转化为 Fe^{2+}），严重影响薄膜的铁电性能。

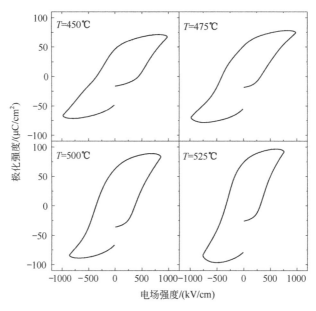

图 3.5 不同退火温度的 BFO 薄膜的 P–E 电滞回线

3.2 Bi 过量对 BFO 薄膜结构和性能的影响

研究发现，铋空位、氧空位、铁化合价的波动、杂质相的形成均会使所制备的薄膜样品的漏电流密度增大，较大的漏电流是影响 BFO 薄膜应用的主要原因[1,2]。在制备 BFO 薄膜样品时，Bi 元素的易挥发性，薄膜中化学计量比失衡，将会使薄膜中出现较多的氧空位或铋空位，为了达到电价平衡，会引起铁化合价的波动，这将不利于薄膜电学性能的提高[3-5]。若 Bi 元素的量过多，在薄膜的形成过程中，会形成诸如 Bi_2O_3、$Bi_2Fe_4O_9$ 和 $Bi_{25}FeO_{39}$ 等杂质相，杂质相同样也不利于 BFO 薄膜样品的性能。本节主要讨论了 Bi 过量对 BFO 薄膜的结构、形貌及电性能的影响，所制备的 BFO 薄膜样品的 Bi 过量分别为 0%、5%、10%、15%、30%，参考相关的制备工艺，250℃烘干 120s，350℃热解 180s，525℃退火 300s，所制备 BFO 薄膜的厚度约为 800nm，从而确定 Bi 过量的最佳百分比，为后续进行 A 位 Sr 元素掺杂做铺垫。

3.2.1 Bi 过量对 BFO 薄膜晶体结构的影响

图 3.6 为不同 Bi 过量的 BFO 薄膜的 XRD 图谱，从图中可以看出，BFO 薄

膜样品的衍射峰均与扭曲的菱方钙钛矿结构相匹配（JCPDS 86-1518）。当 Bi 过量较少时（0～10%），没有杂相衍射峰的出现，随着 Bi 过量的增加，出现 Bi$_2$O$_3$ 杂相的衍射峰，且衍射峰强度随着 Bi 过量的增加而增加。Bi$_2$O$_3$ 杂相的出现不利于 BFO 薄膜性能的提高[3]。值得注意的是，（012）衍射峰和（110）衍射峰强度随着 Bi 过量的增加（$x \leqslant 0.15$）分别增加和降低。然而，正如图 3.6（a）插图中所示，随着 Bi 过量的继续增加，I（012）/I（110）降低，我们把这种现象归结为（012）和（110）取向的竞争性生长，这种竞争性生长在铋层状铁电材料中经常被发现[6-8]。此外，图 3.6（b）为 2θ 范围在 31°～33° 的 XRD 放大图，当 Bi 过量增大到 10%，XRD 中出现了（104）的衍射峰，（104）衍射峰的出现，表明扭曲的菱方钙钛矿结构向伪四方或伪斜方相转变[9]，相似的现象在 Yuan 等[10]Nd 掺杂 BFO 时被观察到。薄膜中准同型相界附近，由于不同相的共存，BFO 薄膜的相结构具有较大的活性，在外电场作用下，更多的畴发生翻转，且翻转产生时的应力和应变较小，这种现象往往会提高薄膜的性能[11]。另外，通过谢乐公式，可以计算出取代量 0%、5%、10%、15%、30% 时，BFO 铁电薄膜的平均晶粒尺寸分别为 24.7nm、37.1nm、34.9nm、31.6nm、27.9nm。通过 XRD 的分析，所制备的薄膜均为 ABO$_3$ 型钙钛矿结构，当 Bi 过量高于 10% 时有 Bi$_2$O$_3$ 杂相的生成，可以判断 Bi 过量 10% 时 BFO 薄膜具有较好的性能。

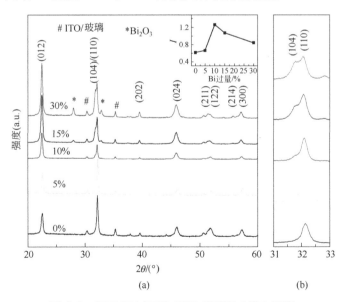

图 3.6　不同 Bi 过量的 BFO 薄膜的 XRD 图谱

3.2.2 Bi 过量对 BFO 薄膜微观形貌的影响

图 3.7 为不同 Bi 过量的 BFO 薄膜样品断面的 SEM 照片,从图中可以清晰分辨出最上面一层是厚度约为 800nm 的 BFO 薄膜层、中间一层为厚度约 200nm 的 ITO 电极以及最下面的玻璃衬底层,可以看出所制备的薄膜样品结晶程度良好,薄膜的整体厚度较均匀。

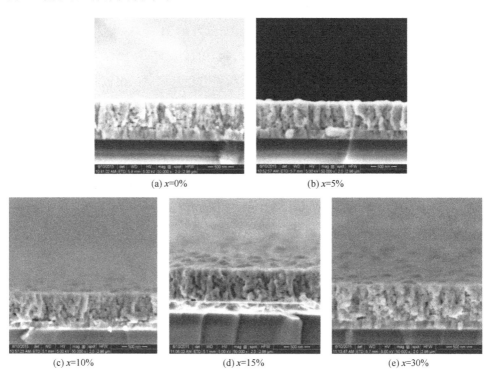

(a) x=0%   (b) x=5%

(c) x=10%   (d) x=15%   (e) x=30%

图 3.7 不同 Bi 过量的 BFO 薄膜样品断面的 SEM 照片

图 3.8 为不同 Bi 过量的 BFO 薄膜样品的表面 SEM 照片,可以发现,随着 Bi 过量的增加,薄膜样品平均晶粒尺寸先增大后减小,当 Bi 过量 10%时,薄膜样品平均晶粒尺寸最大,这与 XRD 的分析是一致的。还可以看出,Bi 不过量时,BFO 薄膜表面出现了许多针状孔洞,可能原因是热处理过程中 Bi_2O_3 的挥发。当 Bi 的量继续增加(10%~30%)时,BFO 薄膜的表面变得平整致密,且晶粒尺寸减小,可能原因是:一方面,由于 Bi^{3+} 的半径大于 Fe^{3+} 的半径,Bi 的扩散速率较低;另一方面,过量 Bi 的加入,使形成的 Bi_2O_3 存在于晶界处,从而限

制了薄膜晶粒的生长。因此，选择 10%为 Bi 最佳过量百分比。

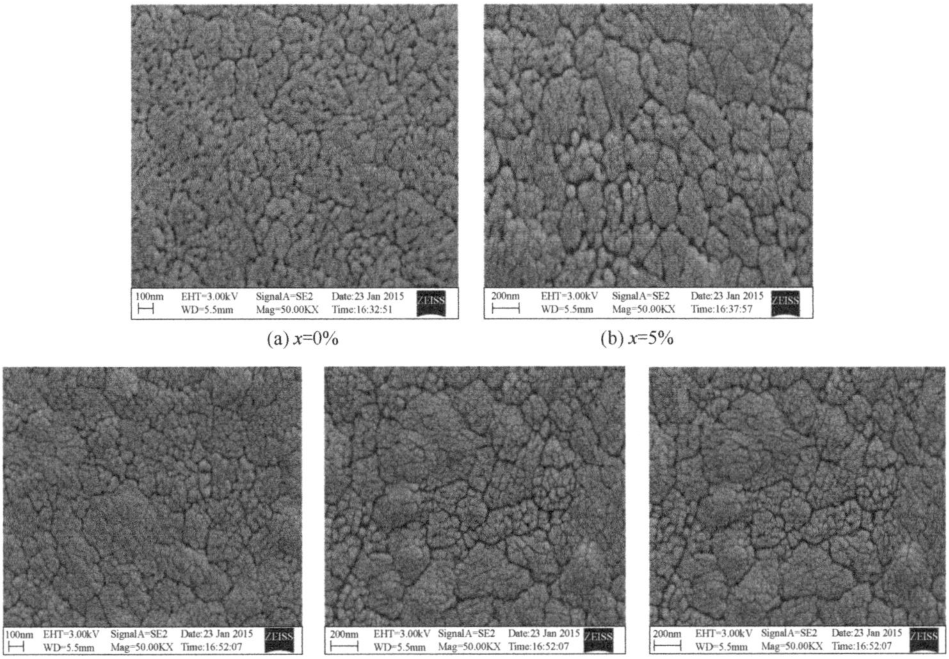

(a) x=0%　　　　　　　　　(b) x=5%

(c) x=10%　　　(d) x=15%　　　(e) x=30%

图 3.8　不同 Bi 过量的 BFO 薄膜样品的表面 SEM 照片

3.2.3　Bi 过量对 BFO 薄膜漏电性能的影响及漏电机制分析

图 3.9（a）为 BFO 薄膜样品的漏电流密度曲线图，从图中可以看出，所有样品的 J-E 曲线在不同正负电场下略有不对称，原因是 Au/BFO 和 ITO/BFO 之间不同的接触状态[12]。测试电场为 600kV/cm，Bi 过量 10%样品的漏电流密度最小为 7.8×10^{-7}A/cm^2，可能原因是：一方面，随着 Bi 过量的增加，BFO$_{x=10\%}$ 薄膜晶粒变得更加均匀致密，良好的结晶质量有利于薄膜漏电流的降低；另一方面，缺陷电子对 Bi 空位和 O 空位的影响，缺陷的形成遵循以下反应方程式[13]

$$2Bi_{Bi} + 3O_O \longrightarrow 2(V_{Bi^{3+}})''' + 3(V_{O^{2-}})^{\bullet\bullet} + Bi_2O_3 \uparrow \qquad (3.7)$$

随着 Bi 过量的增加，有足量的 Bi 弥补热处理过程中以 Bi$_2$O$_3$ 形式挥发掉的

Bi 元素，从而使缺陷电子对的数量减少。随着 Bi 含量的继续增加，漏电流增大，这是由于 Bi$_2$O$_3$ 杂相的生成，不利于薄膜漏电流的抑制[3]，因此，选择 10%为最佳 Bi 过量百分比。

欧姆传导和空间电荷限制电流传导机制是在 BFO 基薄膜材料中最为常见的两种漏电传导机制[14,15]。为了分析 BFO 薄膜的传导机制，基于 $J \propto E^{\alpha}$ 关系，对漏电流密度曲线进行线性拟合，如图 3.9（b）所示，可以看出，在低的测试电场下，随着 Bi 过量的增加，斜率分别为 0.79、0.96、1.18、0.85、0.78，表明此时欧姆传导为主要的传导方式，所有薄膜样品的电流传导均是由热激发引起的[16]。随着电场的增加，除 Bi 过量 30%所制备的 BFO 外，所有薄膜的斜率均小于 1，表明此时的传导方式以晶界限制电流传导为主，原因是较小晶粒尺寸形成较多晶界。随着 Bi 过量的增加（0~10%），斜率有下降的趋势，这是由于缺陷电子对的数量随 Bi 的增加而减少。随着 Bi 过量的继续增加，传导机制由空间电荷限制传导开始向欧姆传导过渡。因此，随着电场的继续增加，Bi 过量 30%的 BFO 薄膜斜率为 1.15，表明欧姆传导占主导，随着电场的继续增加（530~670kV/cm），Bi 过量 5%和 Bi 过量 10%的 BFO 薄膜的斜率并未发生变化，表明传导方式仍为晶界限制电流传导，认为是均匀致密的晶粒，较少的电荷缺陷以及准同型相界处相结构的存在共同作用的结果。对于 Bi 不过量的 BFO 薄膜，斜率为 1.69，表明欧姆传导和空间电荷限制电流传导同时存在，对于 Bi 过量 15%和 Bi 过量 30%的 BFO 薄膜，斜率分别为 2.77 和 3.83，预示着空间电荷限制传导占主导，这是由 Bi$_2$O$_3$ 杂相的形成造成的。

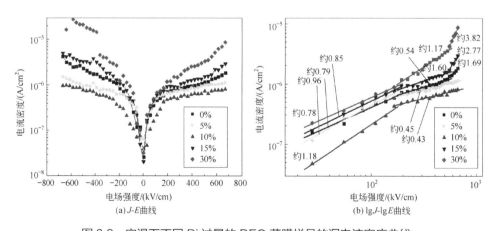

图 3.9　室温下不同 Bi 过量的 BFO 薄膜样品的漏电流密度曲线

3.2.4 Bi 过量对 BFO 薄膜铁电性能的影响

图 3.10 为不同 Bi 过量的 BFO 薄膜样品的电滞回线，测试频率 1kHz，通过对电滞回线的分析可以发现，随着 Bi 过量的增加（0～10%），BFO 薄膜样品的抗击穿电场升高；随着 Bi 过量的继续增加（>10%），抗击穿电场下降，Bi 含量较少时较多缺陷电子对的存在和 Bi 含量过多时 Bi_2O_3 杂相的生成是造成这一现象的原因。当 Bi 过量为 10% 时，所制备的薄膜具有较好的铁电性能，是均匀致密的晶粒结构、不同相结构的存在共同作用的结果，如图 3.10 所示，饱和的电滞回线在 Bi 过量 10% 时，BFO 薄膜中测得，此时的剩余极化强度为 $71.18\mu C/cm^2$，矫顽场强为 412.52kV/cm，测试电场为 1213kV/cm。对 Bi 过量 10% 的 BFO 薄膜进行进一步研究发现，随着测试电场的增加，电滞回线的非对称程度降低，这是由于氧空位和铋空位形成的缺陷电子对数量降低，所形成的内偏电场强度下降，测得的电滞回线的对称性增强。内偏电场在负方向比正方向有更强的驱动力，从而使电滞回线向负方向发生偏移[17]。随着测试电场的增加，氧空位和铋空位形成的部分缺陷电子对打开，从而使电滞回线的非对称性降低。因此，选择 10% 为最佳 Bi 过量百分比。

图 3.11 为 BFO 薄膜的相对介电常数和介电损耗随测试频率的变化规律曲线。在低频段（频率敏感段），随着测试频率的升高，介电常数和介电损耗均下降。当测试频率达到一定的值后（频率稳定段），介电常数和介电损耗变化较小。这是界面极化对于空间电荷的弛豫效应造成的[18]。在低频段，空间电荷的翻转与测试电场的频率相当，当电场频率增加到一定值后，介电常数对频率表现出很弱的依赖性[19]。随着 Bi 过量的增加（0～10%），介电常数的下降程度降低，这一现象可以进一步证明随着 Bi 过量的增加，薄膜内部铋空位和氧空位数量减少。当测试频率高于 10^5Hz 时，介电损耗明显增加，介电常数明显降低，这是因为畴的翻转跟不上电场的翻转。当频率为 10^5Hz 时，随着 Bi 过量的增加，薄膜的介电常数分别为 180、188、208、192、183，介电损耗分别为 0.032、0.044、0.042、0.038、0.054。$BFO_{x=10\%}$ 薄膜展现出最大的介电常数，相对较小的介电损耗，是均匀的晶粒大小、共存的相结构和较少的缺陷及杂相共同作用的结果。综合介电常数和介电损耗的分析，认为 10% 为最佳的 Bi 过量百分比。

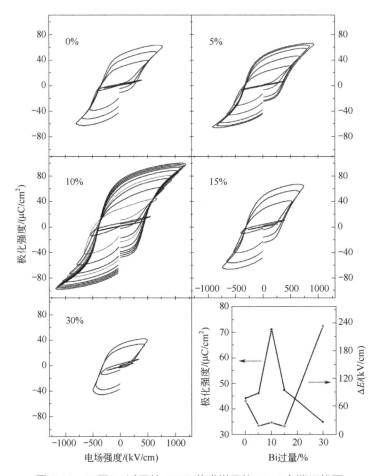

图 3.10　不同 Bi 过量的 BFO 薄膜样品的 *P–E* 电滞回线图

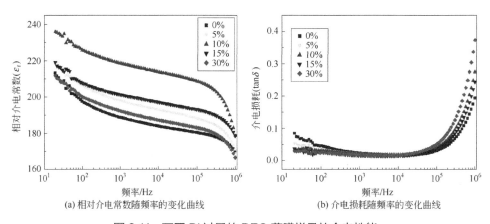

(a) 相对介电常数随频率的变化曲线　　　　　　(b) 介电损耗随频率的变化曲线

图 3.11　不同 Bi 过量的 BFO 薄膜样品的介电性能

3.3　Zn 掺量对 BFO 薄膜结构和电性能的影响

由于 BFO 材料中的 Fe^{3+} 容易被还原成 Fe^{2+}，产生的氧空位以及一些缺陷的存在导致 BFO 的漏电流较大，极大地制约着 BFO 铁电材料应用的进一步发展，而通过 B 位掺杂可以改善 BFO 薄膜的性能，研究表明，适量的 Zn 元素掺杂可以有效地降低 BFO 薄膜的漏电流密度和氧空位浓度，从而提高薄膜的性能[20-22]。

本节以 $BiFe_{1-x}Zn_xO_3$（$x = 0$，0.5%，1%，1.5%，2%，均为摩尔分数）（BFZO）薄膜为研究对象，衬底采用 ITO/玻璃，用溶胶-凝胶法制备出了不同 Zn 掺量的 BFZO 薄膜，系统地研究了 Zn 掺量对 BFO 薄膜结构、元素价态、氧空位浓度和电性能的影响，得到了 BFO 薄膜性能较好时的最佳 Zn 掺量。

3.3.1　Zn 掺量对 BFO 薄膜晶体结构的影响

图 3.12（a）为 BFZO 薄膜的 XRD 图谱。通过 XRD 数据处理软件 Jade 的标准 PDF 卡片对比分析，发现所测得的样品的衍射峰与钙钛矿结构（PDF Card JCPDS NO. 86-1518）比较吻合，且没有其他杂相生成。图 3.12（b）为 2θ 从 31°到 33°的 XRD 放大图谱，从图中可以看出，随着 Zn 掺量的增加，（104）/（110）衍射峰的峰位向小角度发生偏移，说明 Zn 元素已经掺入 BFO 薄膜的晶格中，由于 Fe^{3+} 的半径小于 Zn^{2+} 的半径，依据布拉格方程 $2d\sin\theta=n\lambda$，（104）/（110）衍射峰的峰位向小角度发生偏移，衍射峰的偏移说明晶体内部产生了晶格畸变，晶格畸变对铁电薄膜的铁电性能有较大的影响[23]。

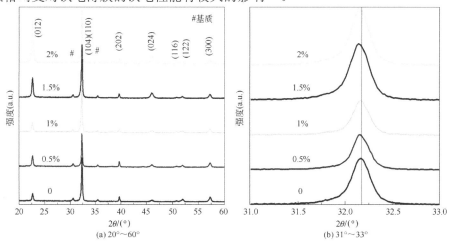

图 3.12　BFZO 薄膜 XRD 衍射图谱

3.3.2　Zn 掺量对 BFO 薄膜微观结构的影响

图 3.13 为不同 Zn 掺量的 BFZO 薄膜样品的 SEM 断面形貌图,通过图 3.13 可以看出薄膜样品的断面清晰地分为三个断层,最上层为 BFZO 薄膜层,薄膜的厚度约为 800nm,中间层为 ITO 电极,厚度约为 200nm,最底层为厚度比较大的玻璃衬底,不同 Zn 掺量的 BFZO 薄膜样品结晶度良好、整体厚度比较均匀、结构致密。

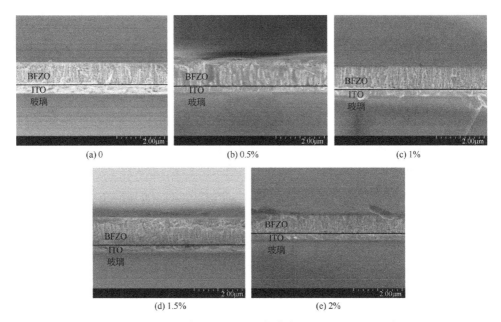

(a) 0　　　　　　　(b) 0.5%　　　　　　　(c) 1%

(d) 1.5%　　　　　　　(e) 2%

图 3.13　不同 Zn 掺量的 BFZO 薄膜样品的 SEM 断面形貌图

图 3.14 是 BFZO 薄膜样品的 SEM 表面形貌图。为了更加直观地显示出薄膜样品的晶粒的生长发育情况,通过拟合计算,得到了不同 Zn 掺量的 BFZO 薄膜样品的平均晶粒尺寸正态分布直方图,附在图 3.14 的插图中,通过样品的平均晶粒尺寸正态分布直方图可以看出,随着 Zn 掺量的增加,薄膜样品的平均晶粒尺寸呈现出先变大后变小的趋势。当 Zn 掺量为 1%(摩尔分数)时,BFZO 薄膜样品的平均晶粒尺寸增大到 65.89nm,不同 Zn 掺量的 BFZO 薄膜样品的平均晶粒尺寸如表 3.1 所示,说明适量的 Zn 掺杂确实有利于薄膜晶粒的生长发育。

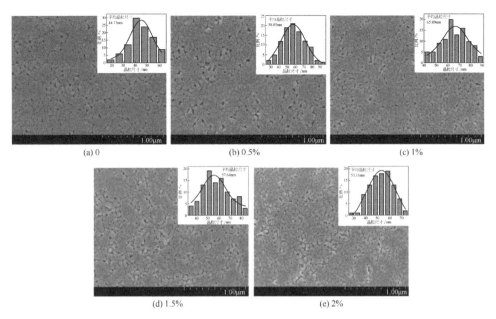

图 3.14　不同 Zn 掺量的 BFZO 薄膜样品的 SEM 表面形貌图

表 3.1　不同 Zn 掺量的 BFZO 薄膜样品的平均晶粒尺寸

Zn 掺量	$x=0$	$x=0.5\%$	$x=1\%$	$x=1.5\%$	$x=2\%$
晶粒尺寸/nm	44.75	58.05	65.89	57.64	53.16

3.3.3　XPS 高分辨电子能谱分析

图 3.15（a）为 BFZO（$x=0\sim2\%$，摩尔分数）薄膜的 Fe 2p XPS 图谱，查阅 XPS 结合能对照表，结合相关文献可知，Fe^{2+} 和 Fe^{3+} 的结合能略有不同，Fe^{2+} 和 Fe^{3+} 分别出现在 709.5eV 和 711eV[24,25]。由图 3.15（a）可以看出，所有的 BFZO 薄膜样品的 Fe $2p_{3/2}$ 峰均位于 711.1eV 以下，说明所制备的样品中既含有 Fe^{3+} 又含有 Fe^{2+}。图 3.15（b）是将 Fe $2p_{3/2}$ 峰用 XPSpeak 软件拟合后所得到的 BFZO 薄膜的 Fe $2p_{3/2}$ 轨道分峰拟合图，根据计算拟合的结果可知，随着 Zn 掺量从 $0\sim2\%$（摩尔分数），BFZO 薄膜样品中的 Fe^{2+} 和 Fe^{3+} 的面积比值分别为 0.89、0.82、0.56、0.78、0.69，该结果证明适量 Zn 的掺杂可以抑制薄膜中 Fe^{2+} 的形成。图 3.15（c）为 BFZO 薄膜样品的 O 1s 轨道拟合图，经过查找相关文献得知，出现晶格氧的结合能位于 529.7eV 附近，氧空位或者是吸附氧的结合能位于 531.4eV 附

近[26,27]。根据图中所拟合的晶格氧和氧空位的面积，得到 Zn 掺量为 0、0.5%、1%、1.5%、2%的 BFZO 薄膜的氧空位所占的比例分别为 0.36、0.26、0.20、0.22、0.67，通过对比可以得出结论，当 Zn 掺量为 1%时，氧空位所占的比例最小，这与图 3.15（b）所拟合的 Fe^{2+}所占的比例一致，进一步印证了 BFO 薄膜中掺杂了 Zn，抑制了 Fe^{2+}的产生，使得薄膜中的氧空位的浓度下降。

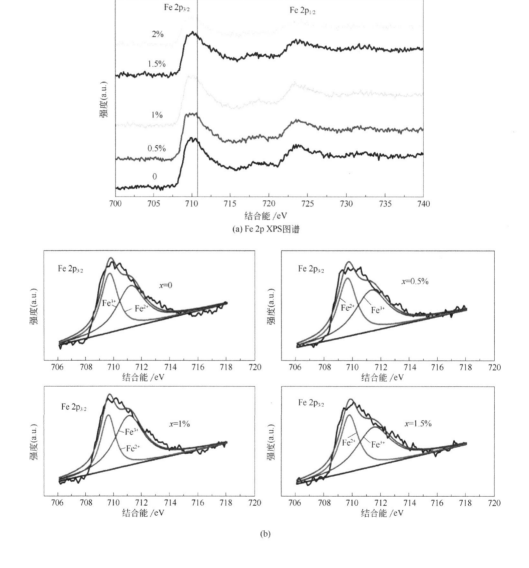

(a) Fe 2p XPS图谱

(b)

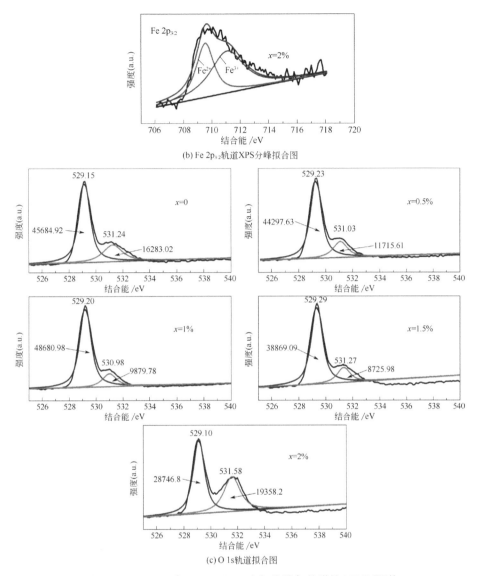

(b) Fe 2p₃/₂轨道XPS分峰拟合图

(c) O 1s轨道拟合图

图 3.15 BFZO（x=0～2%，摩尔分数）薄膜的 XPS 图谱

3.3.4 Zn 掺量对 BFO 薄膜铁电性能的影响

图 3.16 为在室温下、测试频率为 1kHz、测试电场强度为 880kV/cm 时所测得的 BFZO 薄膜的 P-E 电滞回线图。从图中可以看出，不同 Zn 掺量的 BFZO 薄膜的电滞回线都有着较好的矩形度。不同 Zn 掺量的 BFZO 薄膜样品的矫顽场有一定程

度的偏移，出现了非对称矫顽场的现象，原因可能是薄膜中应力引发的铁电畴的择优取向以及薄膜在热处理过程中的老化，都可以导致样品中的矫顽场出现不对称现象[28,29]。随着 Zn 掺量的不断增大，薄膜样品的剩余极化强度呈现出先增大后减小的趋势，当 Zn 掺量为 1%（摩尔分数）时，具有较大的剩余极化强度和较小的矫顽场强，$2P_r=82.05\mu C/cm^2$，$2E_c=67.49kV/cm$，此时获得的 BFZO 薄膜铁电性能较好。

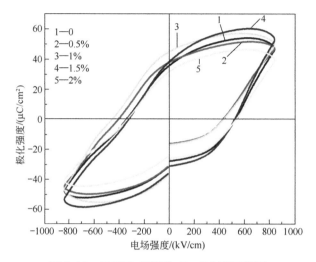

图 3.16　BFZO 薄膜的 $P-E$ 电滞回线图

3.3.5　Zn 掺量对 BFO 薄膜漏电性能的影响

图 3.17 为不同 Zn 掺量的 BFZO 薄膜的 $J-E$ 漏电流密度曲线图，从图中可以看出，样品的 $J-E$ 漏电流密度曲线均关于正负测试电场有略微的不对称，这一现象是由 Au/BFO 和 ITO/BFO 之间不同的接触状态造成的[30]。从图中还可以看出，当 Zn 掺量为 1%（摩尔分数）时，BFZO 薄膜的漏电流密度是最小的，在 200kV/cm 的测试电场下，BFZO 薄膜的漏电流密度约为 $3.54\times10^{-7}A/cm^2$，说明适量的 Zn 掺杂确实可以降低 BFO 薄膜的漏电流，原因是 BFO 薄膜掺杂 Zn 后会形成 $(Zn_{Fe^{3+}}^{2+})'$，$(Zn_{Fe^{3+}}^{2+})'$ 会在一定程度上抑制 Fe^{3+} 转化成 Fe^{2+}，然后与氧空位结合形成复合缺陷 $[(Zn_{Fe^{3+}}^{2+})'-(V_{O^{2-}})^{\bullet\bullet}]$，所形成的复合缺陷可以阻碍氧空位的移动，从而降低了薄膜样品的漏电流，但是随着 Zn 掺量的进一步增大，超过了一定的范围时，Zn^{2+} 掺杂会引入更多的氧空位以补偿电荷的不平衡，所以漏电反而会增大。

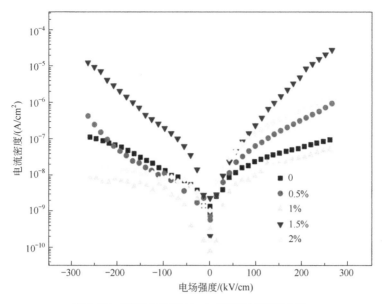

图 3.17 BFZO 薄膜的 J–E 漏电流密度曲线

3.3.6 Zn 掺量对 BFO 薄膜漏电机制的影响

3.3.6.1 薄膜导电机制详细介绍

为了进一步分析薄膜样品的导电机理，探究了 BFZO 薄膜的漏电机制，这对于提高薄膜的性能至关重要。下面将对五种导电机制展开详细阐述，这五种分别是：欧姆传导机制、空间电荷限制电流传导机制（SCLC）、肖特基发射机制、P-F 发射机制和 F-N 隧穿效应机制。

（1）欧姆传导机制

对公式 $J_{Ohmic} = q\mu NeE$ 两端分别取对数，可得到等式 $\lg J = \lg E + \lg(q\mu Ne)$，可以看出当导电机制为欧姆传导机制时，$\lg J$ 和 $\lg E$ 的斜率为 1。因此，根据以上公式，作出 $\lg J$ 和 $\lg E$ 的曲线关系图，若拟合的曲线斜率为 1，说明样品的导电机制为欧姆传导机制。

（2）空间电荷限制电流传导机制（SCLC）

对公式 $J_{SCLC} = \dfrac{9\mu\varepsilon_r\varepsilon_0}{8d^3}E^2$ 两边分别取对数，可得到等式 $\lg J = 2\lg E + \lg[9\mu\varepsilon_r\varepsilon_0/(8d)]$，可以看出当导电机制为空间电荷限制电流传导机制时，$\lg J$ 和 $\lg E$ 的斜率为 2。因此，根据以上公式，我们作出 $\lg J$ 和 $\lg E$ 的曲线关系图，若拟合的曲线

斜率为 2，说明导电机制为空间电荷限制电流传导机制。

（3）肖特基发射机制

肖特基发射机制就是当外加电场削弱肖特基势垒时，电子可以摆脱肖特基势垒而发射的一种现象。对公式 $J_s = AT^2 \mathrm{e}^{\frac{\varphi - \sqrt{q^3 E/(4\pi\varepsilon_0 K)}}{k_B T}}$ 取对数移项，可得到等式 $\ln(J/T^2) = \frac{\sqrt{q^3/(4\pi\varepsilon_0)}K}{k_B T} E^{1/2} + (\ln A - \frac{\varphi}{k_B T})$，令 $\beta = \frac{\sqrt{q^3/(4\pi\varepsilon_0)}K}{k_B T}$，则 β 就是 $\ln(J/T^2)$-$E^{1/2}$ 所拟合的曲线斜率。在室温下，T=298K，ε_0=8.85×10^{-12}F/m，k_B=1.3806505×10^{-23}J/K，q=1.6021892×10^{-19}C，π 为圆周率，K 为光学介电常数。如果拟合出 $\ln(J/T^2)$-$E^{1/2}$ 曲线的斜率 β，便可以计算出薄膜的光学介电常数 K，BFO 的折射率可以视为 n=2.5，然后 $K = n^2$=6.25[31]，如果计算出的 K 值为 6.25，说明导电机制为肖特基发射机制。

（4）P-F 发射机制

当外界电场特别强时，复合缺陷会在热激发的影响下从缺陷中心激发至导带参与导电的现象为 P-F 发射机制。对公式 $J_{PF} = BE \mathrm{e}^{\frac{E_I - \sqrt{q^3 E/(\pi\varepsilon_0 K)}}{k_B T}}$ 取对数移项，得到 $\ln(J/E) = \frac{\sqrt{q^3/(\pi\varepsilon_0)}K}{k_B T} E^{1/2} + (\ln B - \frac{E_I}{k_B T})$，令斜率 $\beta = \frac{\sqrt{q^3/(\pi\varepsilon_0)}K}{k_B T}$，同样可以计算出 K 值，如果 K 值为 6.25，说明导电机制为 P-F 发射机制。

（5）F-N 隧穿效应机制

研究发现，F-N 隧穿效应机制一般是出现在高电场下[32]。对公式 $J_{FN} = CE^2 \mathrm{e}^{-\frac{D^2\sqrt{\varphi^3}}{E}}$ 取对数移项，得到等式 $\ln(J/E^2) = -\frac{1}{E} D^2 \sqrt{\varphi_i^3} + \ln C$，通过这个等式可以看出 $\ln(J/E^2)$ 和 $1/E$ 呈线性关系，根据公式作出 $\ln(J/E^2)$ 和 $1/E$ 的曲线图，如果曲线符合线性关系，说明导电机制为 F-N 隧穿效应机制。

3.3.6.2 BFZO 薄膜的导电机制

图 3.18（a）为 BFZO 薄膜的 lg$J$-lg$E$ 曲线，当 Zn 掺量为 0 时，BFO 薄膜的拟合曲线斜率为 1.26，斜率 α 的值约等于 1，说明欧姆传导机制是主要的导电机制。当 Zn 掺量为 1%（摩尔分数，下同）时，BFZO 薄膜样品所拟合曲线的斜率为 1.75，斜率 α 的值约等于 2，说明空间电荷限制电流传导机制是主要的导电机制。Zn 掺量为 0.5%、1.5%、2%的 BFZO 薄膜在小于 100kV/cm 的低电场下所拟合曲线的斜率分别为 1.8、2.34、1.63，α 的值接近于 2，表明主要的导电机制是空间电荷限制电流

传导机制。当测试电场强度大于 100kV/cm 时，斜率增长较快，掺量为 0.5%、1.5%、2% BFZO 薄膜的 α 值分别为 3.27、5.21、2.49，$\alpha \gg 2$，说明不是空间电荷限制电流传导机制。为了进一步探究在高电场下掺量为 0.5%、1.5%、2% BFZO 薄膜的导电机制，作出了 BFZO 薄膜的 $\ln(J/T^2)$-$E^{1/2}$ 曲线和 $\ln(J/E)$-$E^{1/2}$ 曲线如图 3.18（b）和图 3.18（c）所示。根据图 3.18（b）和图 3.18（c）所拟合的曲线斜率，再分别由公式 $\beta = \dfrac{\sqrt{q^3/(4\pi\varepsilon_0)}K}{k_B T}$ 和 $\beta = \dfrac{\sqrt{q^3/(\pi\varepsilon_0)}K}{k_B T}$ 计算出 K 值，所得到的 K 值与理论值 6.25 不符，因此掺量为 0.5%、1.5%、2%的 BFZO 薄膜在高电场下的导电机制既不符合肖特基发射机制也不符合 P-F 发射机制。图 3.18（d）是 BFZO 薄膜的 $\ln(J/E^2)$-$1/E$ 曲线，通过图 3.18（d）可知，$\ln(J/E^2)$ 和 $1/E$ 的线性关系良好，因此，掺量为 0.5%、1.5%、2%的 BFZO 薄膜在高电场下的导电机制符合 F-N 隧穿效应机制。

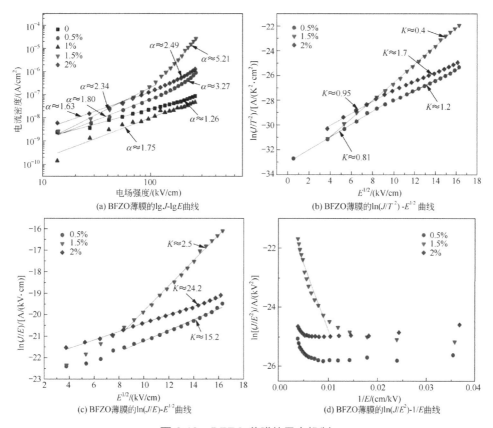

图 3.18　BFZO 薄膜的导电机制

3.3.7　Zn 掺量对 BFO 薄膜介电性能的影响

图 3.19 为 Zn 掺杂的 BFZO 薄膜的相对介电常数和介电损耗随测试频率的变化曲线，测试频率为 $10\sim10^6$ Hz。当测试频率较低时，随着测试频率的升高，介电常数和介电损耗都呈现出不断减小的趋势。当测试频率达到一定的值后（频率稳定段），介电常数和介电损耗下降的幅度很小，表现出优异的频率稳定性，这一现象可以归因于界面极化对于空间电荷的弛豫效应[18]。在低频段，电场的翻转引起空间电荷随之翻转，当测试频率增加到一定值后，介电常数对频率表现出很弱的依赖性[19]，介电稳定性较好。当测试频率高于 10^5 Hz 时，介电损耗出现明显的增加，介电常数出现明显的降低，这应该是畴的翻转跟不上电场的翻转而导致的[33]。当频率为 10^5 Hz 时，薄膜的相对介电常数分别为 125、120、133、129、116，介电损耗分别为 0.018、0.014、0.015、0.016、0.015。当 Zn 掺量为 1%（摩尔分数）时，BFZO 薄膜样品有着较大的介电常数，以及相对较小的介电损耗。

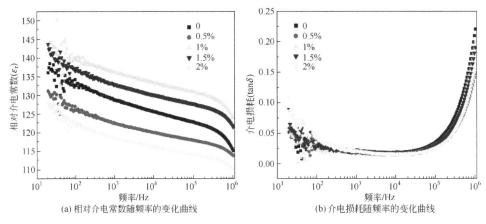

(a) 相对介电常数随频率的变化曲线　　　　(b) 介电损耗随频率的变化曲线

图 3.19　BFZO 薄膜介电性能

3.4　退火气氛对 BFZO 薄膜结构和电性能的影响

目前提高 BFO 铁电薄膜性能的方法除了元素掺杂以外，改进制备工艺也是最为常用的有效方法之一。薄膜的制备工艺包括：工艺参数（匀胶速度、匀胶时间、退火温度、热处理温度、预处理温度等）、退火气氛、原材料的选择、薄膜样品结构的控制等，所以退火气氛也是影响 BFO 薄膜性能的关键因素之一[34-36]，但是很少有文献报道关于用溶胶-凝胶法制备 BFO 薄膜进而研究退火气氛对其结构和性能作用的机理，BFO 薄膜的最突出的问题就是较大的漏电流密度，原因是制备过程中 Fe^{3+} 被还原为 Fe^{2+} 所产生的氧空位以及其他缺陷，通过控制退火气氛可以减少氧空位的产生，从而有效地提高 BFO 薄膜的性能。本节在 3.3 节的研究基础上，探讨得到了薄膜样品性能最好时的最佳 Zn 掺量，利用溶胶-凝胶法，在不同的退火气氛（空气、N_2、O_2）下制备了 $BiFe_{0.99}Zn_{0.01}O_3(BFZO)$ 薄膜，并对不同退火气氛下的 BFZO 薄膜的表面形貌、物相结构、元素价态、铁电和介电性能等进行了研究。

3.4.1 退火气氛对 BFZO 薄膜晶体结构的影响

图 3.20 为不同退火气氛的 BFZO 薄膜的 XRD 图谱，从图中可以看出，所有的 BFZO 薄膜样品的衍射峰均与扭曲的钙钛矿 R3c 结构相匹配，并且在空气和 O_2 气氛下退火的 BFZO 薄膜无其他杂相生成，而在 N_2 气氛下退火的薄膜样品中出现了 Bi_2O_3 的杂相，由于杂相 Bi_2O_3 的导电，有可能会影响 BFZO 薄膜的电性能[34]。此外，在空气和 O_2 气氛下退火的 BFZO 薄膜样品的衍射峰强度较高，说明在这两种气氛下退火的 BFZO 薄膜的晶粒发育较好，而在 N_2 气氛下退火的 BFZO 薄膜的衍射峰强度较低，可以看出退火气氛对晶粒的发育有着明显的影响。

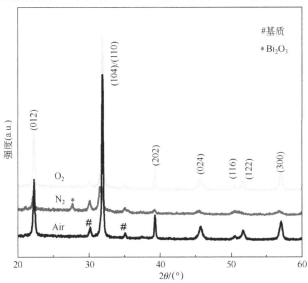

图 3.20 不同退火气氛的 BFZO 薄膜的 XRD 图谱

3.4.2 退火气氛对 BFZO 薄膜表面形貌的影响

图 3.21 是在不同退火气氛下制备的 BFZO 薄膜样品的 SEM 表面图。从图中我们可以看出，O_2 退火气氛下的薄膜样品表面的针孔状缺陷较少，表面更加平滑致密，N_2 气氛下的缺陷较多。为了更加直观地显示晶粒的生长情况，通过拟合计算，得到了不同退火气氛的 BFZO 薄膜样品的平均晶粒尺寸正态分布直方图，在空气、N_2 和 O_2 退火气氛下的 BFZO 薄膜的平均晶粒尺寸分别为 46.32nm、40.32nm 和 47.35nm。显然，在 N_2 气氛下退火后样品的平均晶粒尺寸相对较小，因为在 N_2 气氛下退火会导致薄膜晶粒细化[37,38]。

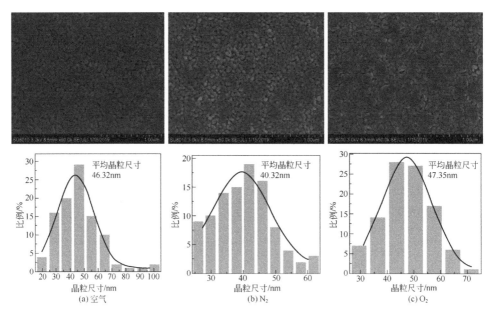

图 3.21　不同退火气氛下 BFZO 薄膜的 SEM 表面图

3.4.3 XPS 高分辨电子能谱分析

图 3.22（a）为不同退火气氛下的 BFZO 薄膜的 XPS 全谱图，从图中可以看到结合能大约在 1000eV 位置出现了 Zn 2p 轨道，说明 Zn^{2+} 被成功地掺杂进入 BFZO 薄膜样品的晶格内部，同时也形成了 Zn—O 键。图 3.22（b）为不同退火

气氛下的 BFZO 薄膜的 Fe 2p XPS 图谱，图 3.22（b）说明在所有的退火气氛下，薄膜样品的 Fe 2p$_{3/2}$ 峰均位于 711.1eV 以下，表示薄膜中既含有 Fe^{2+} 也含有 Fe^{3+}，即为 Fe^{2+} 和 Fe^{3+} 共存的状态。图 3.22（c）为不同退火气氛下 BFZO 薄膜的 Fe 2p$_{3/2}$ 轨道分峰拟合图，对于空气、N$_2$ 和 O$_2$ 退火气氛下的 BFZO 薄膜，Fe^{2+} 的位置分别在 709.38eV、709.89eV、709.35eV，Fe^{3+} 的位置分别在 710.91eV、711.35eV、710.80eV，从图中可以看到不同退火气氛下的二价铁和三价铁的峰的拟合面积，在空气、N$_2$ 和 O$_2$ 气氛下的 Fe^{3+}：Fe^{2+} 的值分别为 1.94、1.62、2.15。根据缺陷公式 [式（3.8）]，一般来说，Fe^{2+} 的存在会造成较大的结构畸变，增加氧空位的数量，从而导致铁电性能较差[34]。

$$2Fe_{Fe}^{X} + O_{O}^{X} \longrightarrow 2Fe_{Fe}' + V_{O}^{\cdot\cdot} + \frac{1}{2}O_2 \uparrow \tag{3.8}$$

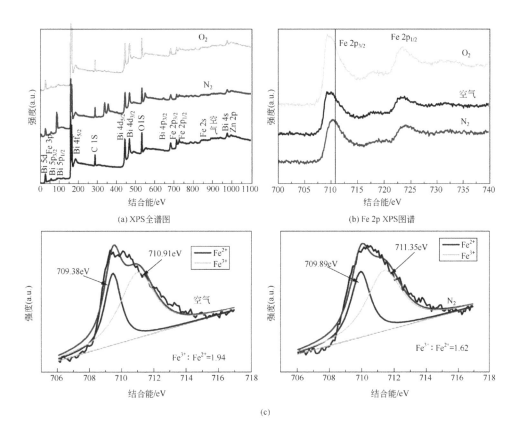

(a) XPS 全谱图

(b) Fe 2p XPS 图谱

(c)

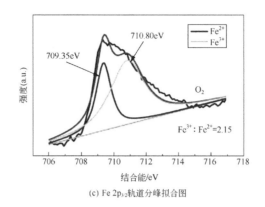

(c) Fe 2p$_{3/2}$轨道分峰拟合图

图 3.22　不同退火气氛下的 BFZO 薄膜的 XPS 谱图

3.4.4　退火气氛对 BFZO 薄膜漏电性能的影响

图 3.23 为不同退火气氛下 BFZO 薄膜的漏电流密度曲线图，显然，随着电场强度的增加，所有退火气氛下 BFZO 薄膜的漏电流密度均缓慢增大，说明所制备的薄膜样品性能比较稳定，在 O$_2$ 退火气氛下制备的 BFZO 薄膜样品的漏电流密度较小，当测试电场强度为 200kV/cm 时，漏电流密度约为 $3.87×10^{-6}$A/cm^2。随着电场强度的不断增大，在 N$_2$ 退火气氛下制备的样品漏电流密度升高速度比较快，必然会导致薄膜性能急剧下降，原因如下：①根据不同退火气氛下 BFZO 薄膜的 XPS 高分辨电子能谱，BFZO 薄膜中 Fe^{2+} 和氧空位的浓度在 N$_2$ 退火气氛中最高，氧空位等缺陷的移动会导致漏电流增大[39-41]。②在 N$_2$ 气氛中退火后薄膜样品的平均晶粒尺寸减小，晶界比例增加，由于晶界比例的增加，漏电通道延长从而降低了漏电流密度，但是晶界也可以作为缺陷的聚集区域，随着晶界比例的增加，缺陷的浓度也随之增大。当晶界中缺陷数量的增加作用大于漏电通道的延伸时，就会表现出漏电流密度的增大[42-44]。

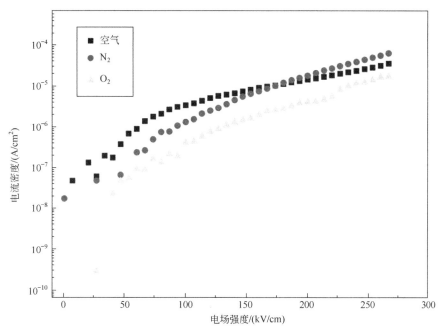

图 3.23　不同退火气氛的 BFZO 薄膜的漏电流密度曲线

3.4.5　退火气氛对 BFZO 薄膜漏电机制的影响

图 3.24（a）为不同退火气氛的 BFZO 薄膜的 $\lg J$ 与 $\lg E$ 曲线图。从图中可以看出，在空气退火气氛下的 BFZO 薄膜的拟合曲线斜率为 2.4，斜率 α 的值约等于 2，说明导电机制符合空间电荷限制电流传导机制，原因可能是 BFZO 薄膜在空气中形成了较多的氧空位及其他缺陷，而缺陷的密度空间与电荷限制电流传导机制密切相关[45]。在 N_2 和 O_2 退火气氛下的 BFZO 薄膜的 $\alpha \gg 2$，说明这两种退火气氛下样品的导电机制既不符合欧姆传导机制，也不符合 SCLC。为了进一步确定在 N_2 和 O_2 退火气氛下的 BFZO 薄膜的漏电机制，分别作出了图 3.24（b）的 $\ln(J/T^2)$-$E^{1/2}$ 曲线和图 3.24（c）的 $\ln(J/E)$-$E^{1/2}$ 曲线，根据图 3.24（b）和图 3.24（c）所拟合的曲线斜率，再分别计算出 K 值，所得到的 K 值与理论值 6.25 不符，所以在 N_2 和 O_2 退火气氛下样品的漏电机制既不符合肖特基发射机制也不符合 P-F 发射机制。图 3.24（d）是在 N_2 和 O_2 退火气氛下的 BFZO 薄膜的 $\ln(J/E^2)$-$1/E$ 曲线，从图中可以看出，$\ln(J/E^2)$ 和 $1/E$ 的线性关系良好，因此，在 N_2 和 O_2 退火气氛下的 BFZO 薄膜的漏电机制为 F-N 隧穿效应机制。这主要

是因为在足够大的电场下，在 N_2 和 O_2 退火气氛下的薄膜样品中的缺陷电子对 $[(Zn_{Fe^{3+}}^{2+})'-(V_{O^{2-}})^{"}]$ 断裂，产生更多自由移动的 $(Zn_{Fe^{3+}}^{2+})'$ 和 $(V_{O^{2-}})^{"}$，这大大增加了 F-N 隧道效应的穿透概率[46]。

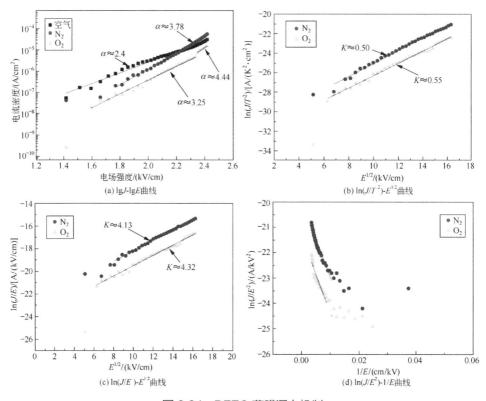

图 3.24　BFZO 薄膜漏电机制

3.4.6　退火气氛对 BFZO 薄膜介电性能的影响

图 3.25 为不同退火气氛的 BFZO 样品的相对介电常数和介电损耗随测试频率的变化曲线图，测试频率为 $10^2 \sim 10^6$ Hz。从图中可以看出，随着测试频率的逐渐升高，相对介电常数 ε_r 逐渐降低到一个较小的值。这种现象主要是由于随着测试频率的增大，薄膜样品中离子电荷和偶极子的数量逐渐减少，导致介电常数逐渐减小[47,48]。当测试频率为 10^5 Hz 时，在 O_2 退火气氛下制备的 BFZO 薄膜有较高的相对介电常数(ε_r=169)，较低的介电损耗（tanδ=0.05），在 O_2 气氛下制备的薄膜样品具有较好的介电性能，可能是由于在 O_2 气氛下薄膜样品的氧空

位浓度较低以及晶粒较好的结晶度。

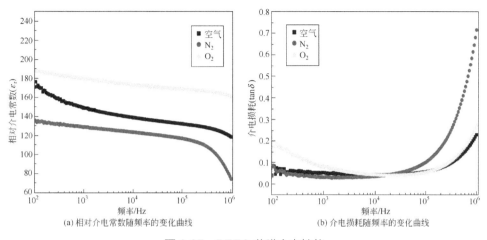

(a) 相对介电常数随频率的变化曲线 （b) 介电损耗随频率的变化曲线

图 3.25 BFZO 薄膜介电性能

3.4.7 退火气氛对 BFZO 薄膜性能老化的影响

图 3.26 为测试电场强度为 886 kV/cm，测试频率为 1kHz，间隔 180 天，在室温下测得的不同退火气氛下 BFZO 薄膜的 P-E 电滞回线对比图。

（1）未老化的 BFZO 薄膜性能分析

从图 3.26 未老化的不同退火气氛下 BFZO 薄膜的电滞回线图可以看出，在空气、N_2 和 O_2 退火气氛下样品的剩余极化强度（$2P_r$）分别为 75.7μC/cm²、63.6μC/cm² 和 83.3μC/cm²，矫顽场强（$2E_c$）分别为 900kV/cm、945kV/cm 和 877kV/cm。显然，在 N_2 退火气氛下 BFZO 薄膜样品的铁电性能较差，造成这种现象的原因是：①在 N_2 退火气氛下，薄膜样品中的部分 Fe^{3+} 被还原为 Fe^{2+}、氧原子形成氧空位（$V_{O^{2-}}$）"，Fe^{2+} 与氧空位的浓度较大，最终在薄膜中形成缺陷 $[(Fe^{2+}_{Fe^{3+}})'-(V_{O^{2-}})'']$，氧空位聚集在畴壁和晶界处形成钉扎，由于氧空位浓度的不断增多，铁电畴的钉扎作用不断加强，翻转受到阻碍，剩余极化强度变小，矫顽场强变大[49,50]。②薄膜中的氧空位以及其他带电缺陷的移动使得漏电流增大，导致极化难以饱和。③晶粒尺寸会影响铁电畴的翻转，N_2 气氛下的薄膜样品平均晶粒尺寸减小，使得铁电畴很难翻转，从而降低了剩余极化强度[51]。

（2）老化后的 BFZO 薄膜性能分析

通过图 3.26 老化前后的电滞回线对比可以很明显地看出，放置 180 天后，不同退火气氛下的 BFZO 薄膜性能均变得较差，矫顽场强明显增大，再次测得的不同退火气氛下的矫顽场强分别为空气 968kV/cm、N₂ 1219kV/cm、O₂ 939kV/cm，相比于未老化以前的矫顽场强分别增大了 7.6%、28.9%、7.1%，经过 N₂ 气氛退火后，BFZO 薄膜的老化程度是三种退火气氛中最明显的，由于老化过于严重，*P-E* 电滞回线变成了椭圆形，在 O₂ 气氛下退火的 BFZO 薄膜的老化程度是最不明显的。图 3.27 是 BFZO 薄膜样品放置 180 天后再次测得的相对介电常数随频率的变化图。180 天后，薄膜样品在 10^5Hz 频率下测得空气、N₂ 和 O₂ 气氛下的相对介电常数分别是 102、92、125，相比于未老化前都有不同程度下降。

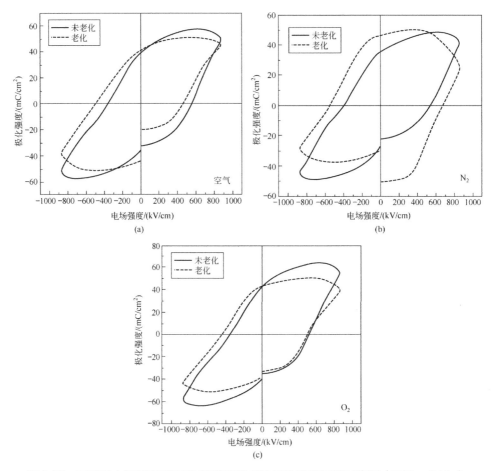

图 3.26　不同退火气氛下 BFZO 薄膜间隔 180 天的电滞回线对比图（室温、1kHz）

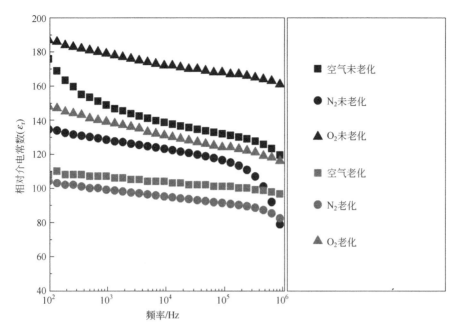

图 3.27　不同退火气氛下 BFZO 薄膜间隔 180 天的相对介电常数−频率曲线对比图

图 3.28 为体效应的老化结构示意图，如图 3.28（a）所示，当 $T>T_C$ 时，制备出的新鲜的 BFZO 薄膜样品发生顺电-铁电相变时，晶体对称性和缺陷对称性均为 Pm3m。如图 3.28（b）所示，当 $T<T_C$ 时，样品变为菱形 R3c 结构的铁电相，并且沿[111]方向形成具有一定强度的自发极化 P_S，但是由于缺陷的扩散速度较慢，Pm3m 缺陷对称性几乎未发生变化[52]。当新鲜的薄膜样品在常温下老化 180 天之后，如图 3.28（c）所示，随着 $[(Zn_{Fe^{3+}}^{2+})'-(V_{O^{2-}})'']$ 缺陷的充分扩散，晶体中逐渐形成了 R3c 缺陷对称性和内置电场 P_D。由于 R3c 缺陷的对称性与菱形 R3c 晶体的对称性相同，所以 P_D 沿 P_S 方向变化。从图 3.28（d）可以看出，当外加测试电场 E_a 作用于老化的薄膜样品时，由于晶体中的电畴会跟随电场方向进行翻转，P_S 的方向随之发生变化，但是因为带电缺陷的扩散速度较慢，R3c 缺陷对称性与内置电场 P_D 都会保留[53-55]。因此，在外加电场 E_a 去除后，未改变的缺陷对称性提供了一个恢复力，使变化后的 P_S 方向返回其原来的方向，如图 3.28（e）所示，所以会观察到 BFZO 薄膜老化的现象。在 O_2 退火气氛下的氧空位浓度比较小，所形成的 $[(Zn_{Fe^{3+}}^{2+})'-(V_{O^{2-}})'']$ 缺陷也比较少，对电畴的固定效果较弱，所以 O_2 退火气氛下的薄膜样品老化程度最不明显，N_2 退火气氛下的薄膜样品老化程度最严重。

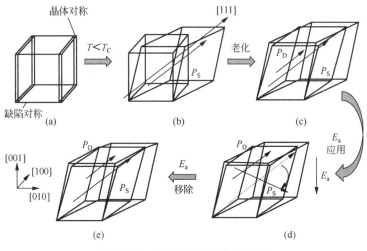

图 3.28　体效应老化结构示意图

3.5　Mn 掺杂对 BFO 薄膜结构和性能的影响

3.1 节主要讨论了退火温度对 BFO 薄膜结构和电学性能的影响，发现在退火温度为 500℃时，薄膜具有较好的结构、表面形貌以及电学性能。遗憾的是，由于薄膜漏电流较大，抗击穿性能较差，薄膜的电学性能并不理想，也没能获得薄膜的漏电流数据。众所周知，漏电流是影响 BFO 薄膜性能的主要因素，漏电流会导致大的退极化电场，导致铁电畴无法有效翻转，不能测得饱和的电滞回线，因此，观测到的 BFO 薄膜的电学性能并非其本征性能。

众所周知，引起 BFO 薄膜漏电的因素主要有两个：Fe^{3+} 价态的波动和氧空位。近几年国内外研究者也做了大量的探索性工作，发现了许多降低薄膜漏电流的措施，如在基片与薄膜之间引入缓冲层（如 $LaNiO_3$），基片的优化（如采用氧化物电极），异质叠层，以及离子掺杂等。实验证实，对 BFO 薄膜进行离子掺杂是降低其漏电流的一种最有效的方法。通过对 A 位进行镧系元素掺杂造成晶格畸变，可以在一定程度上增加 BFO 薄膜的极化强度；对 B 位进行异价元素掺杂，可以达到抑制 Fe^{3+} 价态波动和氧空位形成的目的，从而能够有效改善 BFO 薄膜的电学性能[56-58]。

目前用于 B 位掺杂的主要有 Ti^{4+}、V^{5+}、Mo^{6+}、Ni^{2+}、Mn^{2+}、Co^{2+}、Zn^{2+}、Cu^{2+} 等[59-63]，掺杂元素的价态不同，抑制漏电的方式也不尽相同。其中高价元

素（高于+3 价）掺杂可以有效抑制氧空位的形成，低价元素（低于+3 价）掺杂则可以抑制 Fe^{2+} 的形成。

在本节中选择 Mn 元素作为研究对象，研究不同的 Mn 掺量（掺量 x=0.015～0.06）对 BFO 薄膜结构、表面形貌、铁电性能和漏电机制的影响。选择 Mn 元素主要有两方面的原因：第一，Mn 掺杂后，薄膜仍然能够形成稳定的钙钛矿结构。一般用容忍因子 t 来表征钙钛矿结构的稳定性，当 0.77<t<1 时，一般可以形成稳定的钙钛矿结构，t 可由下式计算

$$t = \frac{r_A + r_O}{\sqrt{2}(r_B + r_O)}$$ （3.9）

式中　r_A——A 位阳离子的半径；

　　　r_B——B 位阳离子的半径；

　　　r_O——O 离子的半径。

已知 Bi^{3+} 的半径为 117pm，O^{2-} 的半径为 128pm，Mn^{2+} 的半径为 81pm，Fe^{3+} 的半径为 69pm，Mn 掺杂 BFO 的 Fe 位后，B 位的平均离子半径为 r_B=(1–x) r_{Fe}+xr_{Mn}，当 Mn 的掺量 x=0～0.06 时，r_B=69～69.72pm。利用式（3.9），计算得 t =0.8794～0.8762，由于 0.77<t<1，所以 $BiFe_{1-x}Mn_xO_3$（BFMO$_x$）薄膜能够形成稳定的钙钛矿结构。第二，Singh 等[64]的研究表明，Mn 掺杂能够提高 BFO 薄膜的抗击穿能力，从而有助于获得较好的铁电性能，但是掺杂后的结构演变过程以及性能改善的机理并不明确，对这些因素进行深入的探讨是非常有必要的。

本节采用溶胶-凝胶法结合层层退火工艺在 ITO/玻璃衬底上制备了不同 Mn 掺量的 BFMO$_x$ 薄膜（x=0, 0.015, 0.03, 0.045, 0.06），并对 Mn 掺杂后 BFO 薄膜的晶体结构、表面形貌和性能的演变过程进行详细的探讨。

3.5.1　Mn 掺杂对 BFO 薄膜晶体结构的影响

图 3.29 给出了不同 Mn 掺量的 $BiFe_{1-x}Mn_xO_3$ 的 XRD 图谱，衍射峰的晶面指数由 PDF Card JCPDS NO. 86-1518 标注，从图中可以看出，所有检测到的衍射峰都与钙钛矿结构的 BFO 完全重合，在仪器精度范围内没有检测到 $Bi_2Fe_4O_9$ 等杂相，这可以归因于稳定的前驱体溶液以及恰当的热处理工艺。薄膜的主晶相为（012）和（110）取向，而且在 Mn 掺杂之后，薄膜的生长模式发生了改

变,最强峰由(012)变成了(110);随 Mn 掺量的增加,(012)取向的相对峰强有逐渐减弱的趋势,而(110)峰则逐渐增强,这说明适量的 Mn 掺杂有利于(110)取向的晶粒生长。

从图 3.29 中可以看出,少量的 Mn 掺杂就能对 BFO 的晶体结构产生显著的影响,这说明了 BFO 的结构对 Mn 掺量的敏感性。为了更清晰地阐述 BFO 的结构与 Mn 掺量的关

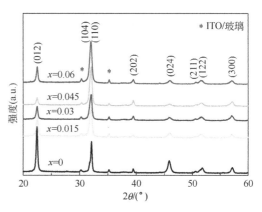

图 3.29　不同 Mn 掺量的 BFMO$_x$ 薄膜的 XRD 图谱

系,我们用公式 $D=K\lambda/(\beta\cos\theta)$ 和 $\alpha_{(h'k'l')} = \dfrac{I^f_{(h'k'l')} \big/ \Sigma I^f_{(hkl)}}{I^p_{(h'k'l')} \big/ \Sigma I^p_{(hkl)}}$ 进一步计算了不同 Mn 掺量

的 BFO 薄膜的晶粒尺寸和(012)择优度(图 3.30)。从图 3.30 可知,少量 Mn 掺杂就能使薄膜的晶粒尺寸显著减小,这说明 Mn 掺杂有细化晶粒的作用;随着 Mn 掺量逐渐增加,晶粒尺寸逐渐增大,但是增大的幅度不是很明显,即使在 Mn 掺量为 7.5%的 BFO 薄膜中,晶粒尺寸仍然是明显小于纯相的。就择优度而言,随 Mn 掺量增加,(012)取向择优程度逐渐降低,并且在 Mn 掺量大于4.5%后略有增加。

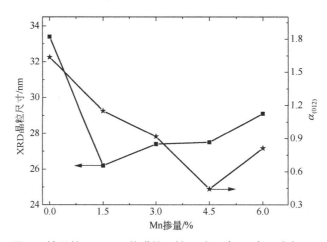

图 3.30　不同 Mn 掺量的 BFMO$_x$ 薄膜的晶粒尺寸及(012)取向与 Mn 掺量的关系

3.5.2　Mn 掺杂对 BFO 薄膜微观形貌的影响

图 3.31 为不同 Mn 掺量的 $BFMO_x$ 薄膜的 SEM 图像，由图中可以看出，所有薄膜结晶都较好。区别在于未掺杂的 BFO 薄膜表面致密度较低，表现为孔隙较多，这种疏松多孔的表面将会严重损害薄膜的性能，同时由于薄膜内缺陷较多，会形成漏电通道，从而使薄膜的漏电流增加。而 Mn 掺杂之后 BFO 薄膜的表面变得平整光滑，而且具有较为致密的微观结构，这将有助于抑制薄膜的漏电，提高薄膜在电学性能测试中的抗击穿能力，以下将对其进行详细的讨论。

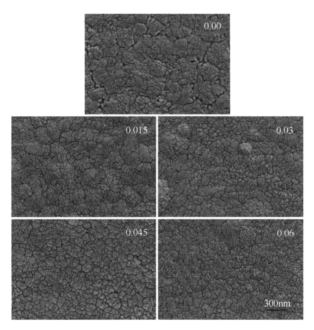

图 3.31　不同 Mn 掺量的 $BFMO_x$ 薄膜的 SEM 图像

3.5.3　Mn 掺杂对 BFO 薄膜漏电特性的影响

图 3.32 为不同 Mn 掺量的 $BFMO_x$ 薄膜的漏电流密度曲线，可以看出，在低电场强度区域，BFMO 薄膜具有较大的漏电流密度，但是随着电场强度的增加，纯相 BFO 薄膜的漏电流迅速增加，并且在电场强度大于 400kV/cm 时就由于漏电流过大而被击穿，这说明薄膜中缺陷较多，抗击穿性能较差。而掺杂 1.5% 的

Mn 元素就可以使薄膜的漏电流降低 2 个数量级,薄膜的漏电流在电场强度高于 200kV/cm 时趋于稳定,并且薄膜的抗击穿性能有了很大的改善。有趣的是,随着 Mn 掺量的逐渐增加,薄膜的漏电流又逐渐增加,在 Mn 掺量为 6%的薄膜中漏电流密度甚至达到了 $10^{-2}A/cm^2$。由图 3.30 的计算结果可知,在 BFMO 薄膜中,随 Mn 掺量的增加,薄膜的晶粒尺寸是逐渐增加的,而相应的薄膜中晶界的数量也是逐渐减少的,从而导致晶界对电流的阻碍作用减弱,漏电流增加。但是,Mn 掺杂对于降低 BFO 薄膜在高电场强度下的漏电流的作用仍然是显而易见的,而且,与纯相 BFO 薄膜相比较,Mn 掺杂显著提高了薄膜的抗击穿强度。

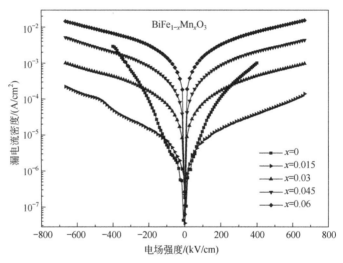

图 3.32 不同 Mn 掺量的 BFMO$_x$薄膜的漏电流密度曲线

图 3.33 为不同 Mn 掺量的 BFMO$_x$ 薄膜的 lg$J$-lg$E$ 关系曲线,对曲线进行分段线性拟合,可以得到不同电压范围的曲线的斜率,从而确定薄膜的导电方式。由拟合结果可以看出,未掺杂的 BFO 薄膜的曲线斜率 α 近似为 2,此时薄膜的主要导电方式遵循 Child 定律,导电方式为受陷阱限制的空间电荷限制电流传导(SCLC)。对于 Mn 掺量为 1.5%的薄膜,当电场强度低于 350kV/cm 时,曲线斜率 α 近似为 1,主要导电方式为欧姆传导;当电场强度高于 350kV/cm 时,传导方式过渡到受陷阱限制的 SCLC,曲线斜率 α 近似为 2。这种传导方式的改变完全遵循 Lambert 三角形规律,即漏电流表现为与陷阱相关的空间电荷限制电流机制。在低电场下,从阴极注入薄膜内部的电子很少,薄膜的电导主要取决于

热激发产生的跃迁电子浓度，所以主要导电方式为欧姆传导；随着电场强度的增加，越来越多的电子被注入薄膜中，薄膜内部的空位和间隙原子等缺陷会俘获自由载流子，在薄膜内部形成与外电场方向相反的局域电场，导电方式逐渐转变为 SCLC。两种导电方式转变的电压值称为缺陷填充阈值电压 V_{TFL}(trap filled limited voltage)。

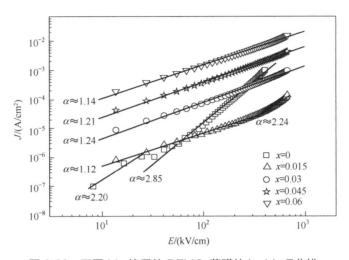

图 3.33 不同 Mn 掺量的 BFMO$_x$ 薄膜的 lg$J$-lg$E$ 曲线

随着 Mn 掺量的继续增加，Mn 掺量为 3%～6% 的薄膜的曲线斜率 α 均接近 1，所以欧姆传导为主要导电方式。这说明，适量的 Mn 掺杂可以改变 BFO 薄膜中的电荷传导方式，使其由空间电荷限制电流传导变为欧姆传导。

3.5.4 Mn 掺杂对 BFO 薄膜铁电性能的影响

图 3.34 为在 200Hz 下测得的不同 Mn 掺量的 BFMO$_x$ 薄膜的电滞回线以及薄膜的 P_r 和 ΔE_c 与 Mn 掺量的关系图谱。由图可以看出，未掺杂的 BFO 薄膜具有较大的剩余极化，但是同时薄膜也表现出了漏电特性，这是由于薄膜中氧空位等缺陷较多，从而导致薄膜的漏电流较大。漏电流会导致测得的剩余极化高于薄膜真实的剩余极化，从而影响测试数据的准确性。Mn 掺杂量为 1.5% 的 BFO 薄膜剩余极化较纯相有所降低，Wen 等[65]在研究中也发现了类似的现象，笔者认为 Mn^{2+} 掺杂后薄膜中形成缺陷偶极子 $(V_{O^{2-}})^{\cdot\cdot}$-$(A_{Fe^{3+}}^{2+})'$，使薄膜发生老化，从

而在相同的电场下铁电畴翻转不完全，从而表现为剩余极化的减小。但是该薄膜没有出现纯相中的漏电现象，这说明少量 Mn 掺杂就具有较好的抑制漏电的作用。Mn 掺杂对漏电的抑制可能是通过两种方式来实现的。第一，Mn^{2+} 掺杂可能抑制薄膜中 Fe^{2+} 的产生，从而使薄膜中的缺陷数量有一定程度的下降。第二，由图 3.30 可知，Mn 掺杂可以使薄膜的结晶质量得到改善，细化晶粒，而晶界可以形成电流传输的屏障，可以有效阻止漏电流的增加。而随着 Mn 掺量的增加，薄膜的剩余极化也逐渐增加，而且薄膜的矩形度有所改善，这应该是 Mn 掺量的增加使薄膜的老化程度有所降低。但是，在 Mn 掺量为 6% 的 BFO 薄膜中，又观察到了与纯相类似的漏电特征，说明该掺量的薄膜中已经存在较严重的漏电现象。这应该是由于随着 Mn 掺量的增加，晶粒逐渐长大，晶界对漏电的阻碍作用减弱，所以漏电逐渐增加。同时注意到，掺杂后薄膜的电滞回线矫顽场都存在不同程度的负方向偏移，为了更清楚地表示其偏移程度，我们使用 $\Delta E_{c} = \left(\left| E_{cp} \right| - \left| E_{cn} \right| \right)/2$（$E_{cp}$ 代表电滞回线中的正向矫顽场，E_{cn} 代表负向矫顽场）来计算电滞回线矫顽场的非对称程度，计算结果如图 3.34 右下角所示。由图可知，纯相 BFO 薄膜的电滞回线基本对称，而掺杂后的薄膜都具有较大幅度的偏移，这也是薄膜的老化造成的。

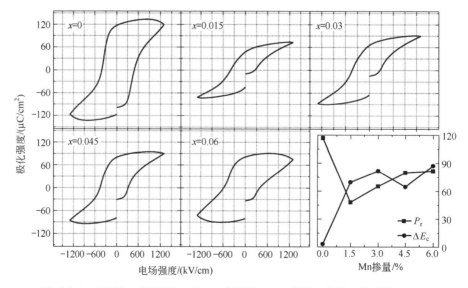

图 3.34 不同 Mn 掺量的 BFMO$_x$ 薄膜的 P-E 电滞回线以及薄膜的 P_r 和

ΔE_c 与 Mn 掺量的关系图谱

3.6 前驱液浓度对 BFMO 薄膜结构和性能的影响

在 BFO 薄膜的制备过程中,前驱液的制备是首要环节也是至关重要的环节,前驱液浓度的均匀性和稳定性将直接影响所制备的薄膜性能。研究人员已从理论上推导出溶液浓度对薄膜性能的显著影响[66]。从理论上来讲,前驱液浓度主要通过影响薄膜厚度,进而影响薄膜的性能。但是,厚度对薄膜性能影响的研究较多[67,68],前驱液浓度对 BFO 薄膜性能的影响的研究相对较少。我们知道,如果前驱液浓度太小,在相同层数下所制备的薄膜的总厚度较小,厚度越薄薄膜将越容易被击穿,直接影响薄膜的抗击穿性能。如果前驱液浓度过大则导致薄膜容易开裂,这也是溶胶-凝胶法制备薄膜的一大缺点。由此可见,确定合适的溶液浓度对制备高质量的薄膜意义重大。所以本书选择配制前驱液浓度分别为 0.2mol/L、0.25mol/L、0.3mol/L 和 0.35mol/L 的样品。同时,为了提高薄膜的抗击穿性能,在薄膜中掺杂了 2%(摩尔分数)的 Mn。在本节中,我们系统地研究前驱液浓度对 BFMO 薄膜结构和性能的影响,以获得最佳的前驱液浓度。

3.6.1 前驱液浓度对 BFMO 薄膜晶体结构的影响

图 3.35 显示了不同的前驱液浓度的 BFMO 薄膜的 XRD 图谱。从图中可以看出,所有的衍射峰都与扭曲的钙钛矿 R3c 结构(JCPDS 86-1518)相匹配,在仪器所能检测到的范围内,没有 $Bi_2Fe_4O_9$ 和 Bi_2O_3 等杂相生成。值得注意的是,所有的 BFMO 薄膜都显示出类似的结构,并且具有最高的(104)/(110)衍射峰。BFMO 薄膜的(104)/(110)和(202)衍射峰的相对强度随着前驱液浓度增加(0.2mol/L 到 0.3mol/L)而逐渐增加。据报道,(104)/(110)和(202)衍射峰强度的增加有助于提高 BFO 基薄膜的性能[69,70]。通过谢乐公式计算出前驱液浓度为 0.2mol/L、0.25mol/L、0.3mol/L 和 0.35mol/L 的 BFMO 薄膜的平均晶粒尺寸分别为 24.25nm、21.83nm、19.83nm 和 20.53nm。随着前驱液浓度的增加(0.2mol/L 到 0.3mol/L),薄膜的平均晶粒尺寸减小。这主要是因为随着前驱液浓度的增加,单层膜厚增加,热处理过程中薄膜生长的热驱动力减小,晶粒尺寸降低。前驱液浓度继续增加(0.35mol/L),薄膜平均晶粒尺寸增加,这是由于溶液浓度过大,薄膜内部应力过大产生微裂纹[71],从而使薄膜热驱动力增加,晶粒尺寸增大。

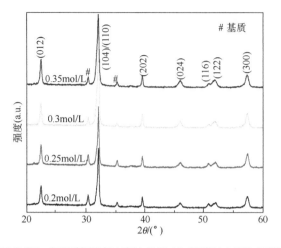

图 3.35　不同前驱液浓度的 BFMO 薄膜的 XRD 图谱

3.6.2　前驱液浓度对 BFMO 薄膜表面形貌的影响

图 3.36 为不同前驱液浓度的 BFMO 薄膜的断面 SEM 照片，从图中可以清晰地分辨出最上面一层为 BFMO，中间层是 ITO，底层是玻璃衬底。通过测量可以得出，ITO 层厚度接近 200nm。前驱液浓度为 0.2mol/L、0.25mol/L、0.3mol/L 和 0.35mol/L 的 BFMO 薄膜的厚度分别为 480nm、578nm、682nm 和 779nm。通过计算可以得出，浓度为 0.2mol/L、0.25mol/L、0.3mol/L 和 0.35mol/L 的 BFMO 薄膜的单层厚度分别为 32nm、38.5nm、45.5nm 和 51.9nm。

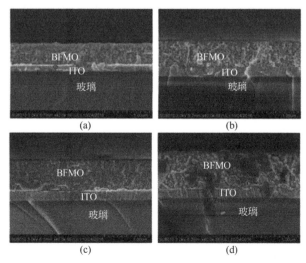

图 3.36　不同前驱液浓度的 BFMO 薄膜的断面 SEM 照片

图 3.37 为不同前驱液浓度的 BFMO 薄膜的表面 SEM 照片。从照片中我们可以看出，随着前驱液浓度的增加（从 0.2mol/L 到 0.3mol/L），BFMO 薄膜表面的针孔状缺陷逐渐减少，晶粒更加均匀，表面更加平滑致密。这是由于单层膜厚度随着前驱液浓度的增加而增加，在相同的热处理温度下，挥发性物质如 Bi_2O_3 等的挥发减弱。当前驱液浓度增加到 0.35mol/L 时，薄膜表面的孔洞又有所增加。这是因为前驱液浓度增加时溶液黏度也随之增加，溶液黏度过高不利于有机化合物的挥发。0.3mol/L 的 BFMO 薄膜的晶粒尺寸最均匀，针孔缺陷最少，表面最为光滑致密。

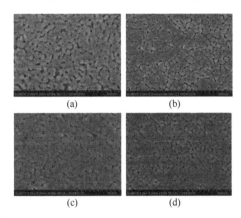

图 3.37　不同前驱液浓度的 BFMO 薄膜的表面 SEM 照片

3.6.3　前驱液浓度对 BFMO 薄膜铁电性能的影响

图 3.38 显示了在频率为 1kHz 时测得的不同前驱液浓度的 BFMO 薄膜的电滞回线图。由图可以看出，随着电场强度的增大，BFMO 薄膜的剩余极化强度逐渐增大，电滞回线趋于饱和。前驱液浓度为 0.2mol/L 的 BFMO 薄膜的击穿电场明显低于其他薄膜。这主要是因为 0.2mol/L 的 BFMO 薄膜的单层厚度较小，使得 Bi_2O_3 更容易挥发，这可能导致更多的氧空位缺陷，降低了薄膜的抗击穿性能。此外，基于上述 SEM 的分析结果，薄膜的表面不平整且针孔缺陷较多，氧空位和其他缺陷的存在必然会影响薄膜的击穿电压[43,72]。当电场约为 1026kV/cm 时，前驱液浓度为 0.25mol/L、0.3mol/L、0.35mol/L 的 BFMO 薄膜的剩余极化强度（$2P_r$）和矫顽场强度（$2E_c$）分别为 140.3μC/cm² 和 671.3kV/cm、149.3μC/cm² 和 707.2kV/cm、130.9μC/cm² 和 697.8kV/cm。显然，随着前驱液浓度的增加，BFMO 薄膜的剩余极化强度先增加（0.25mol/L 到 0.3mol/L）后减小（0.3mol/L 到 0.35mol/L）。前驱液浓度为 0.3mol/L 的 BFMO 薄膜具有最大的剩余极化强度。基于 XRD 和 SEM 的结果，其较大的剩余极化强度源于两个方面：①最强的（104）/（110）和（202）衍射峰；②缺陷较少，晶粒尺寸均匀，表面光滑致密。

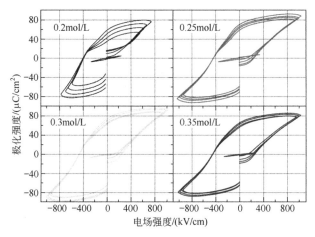

图 3.38　不同前驱液浓度的 BFMO 薄膜的电滞回线图

3.6.4　前驱液浓度对 BFMO 薄膜漏电性能的影响

　　图 3.39 是不同前驱液浓度 BFMO 薄膜的漏电流密度曲线图（J-E 曲线）。从图中可以看出，J-E 曲线关于正负电场对称性较好。所有样品的漏电流密度曲线随电场强度的变化规律为：在低电场下（$E<100\text{kV/cm}$），所有样品的漏电流密度随测试电场的增加而迅速增加；在高电场下（$E>100\text{kV/cm}$），所有样品的漏电流密度随测试电场的增加，其增加幅度变得较为平缓。所有样品的漏电流密度曲线随前驱液浓度的变化规律为：随着前驱液浓度的增加（0.25mol/L 到 0.3mol/L），BFMO 薄膜的漏电流密度逐渐减小。前驱液浓度为 0.3mol/L 的 BFMO 薄膜的漏电流密度最小，在测试电场为 300kV/cm 时，其漏电流密度为 $9.8\times10^{-8}\text{A/cm}^2$。以下三个方面的原因可以用来解释这一现象：①随着前驱液浓度增加，薄膜的单层厚度增加，致使 Bi_2O_3 等易挥发物质的挥发减弱（氧空位减少）。②基于 XRD 的分析结果，较小的晶粒尺寸是一个原因，因为晶粒较小，晶界对漏电流的限制作用加强。③基于 SEM 的分析结果，均匀的晶粒，平整致密的表面，较小的针孔状缺陷是漏电流减小的又一大原因。值得注意的是，继续增加前驱液浓度到 0.35mol/L，薄膜漏电流密度并未继续减小反而又有所增加，这主要是因为前驱液浓度增加导致黏度增加，不利于有机物的挥发，从而使针孔状缺陷增加，甚至在薄膜内部产生微裂纹。有研究表明，缺陷微结构可以通过形成漏电通道直接导致漏电流增大[73,74]。

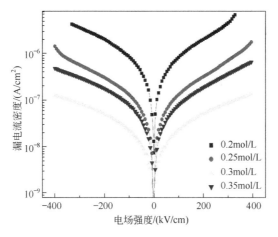

图 3.39　不同前驱液浓度的 BFMO 薄膜的漏电流密度曲线

3.7　Sr 掺杂对 BFMO 薄膜结构和性能的影响

铁酸铋（BFO）作为一种理想的无铅多铁材料，因其优异的铁电、压电以及铁磁性能，有望在未来的微机电系统中替代 Pb(Zr,Ti)O$_3$(PZT)而得到广泛的应用，然而，较大的漏电流严重制约着 BFO 薄膜的广泛应用。引起 BFO 薄膜漏电的两个主要因素为 Fe^{3+}化合价的降低，以及因 Fe^{3+}化合价降低，电荷为达到平衡而产生的氧空位[64]。

本节选用 Sr 作为掺杂元素主要有以下三方面的原因：第一，研究者在 A 位掺杂改性方面的研究主要集中在对 La 系元素的研究，对碱土金属元素掺杂对 BFO 薄膜结构和性能的影响研究较少。第二，据文献报道，掺入低价态离子形成(A$_{Fe^{3+}}^{2+}$)′缺陷可以抑制薄膜中 Fe^{2+}的产生[44,75]，从而使所制备的 BFO 薄膜中的漏电流密度降低，Sr 为二价元素，符合要求。第三，Sr^{2+}和 Bi^{3+}具有相近的离子半径，Sr 掺杂后，BFO 薄膜仍然具有稳定的 ABO$_3$型钙钛矿结构。基于以上三点，对于一般的 ABO$_3$型铁电材料，B 位离子正电荷的中心与氧八面体的中心不重合进而产生偶极矩是其具有铁电性的根本原因，而对于 BFO 薄膜材料，Bi^{3+}的 6s^{2}孤对电子与 Bi^{3+}的 6p 空轨道或 O^{2-} 2p 轨道的杂化，导致电子云中心的不对称，使其具有铁电性[76]。在本章中，选用 BFMO 薄膜样品作为研究对象有两方面的原因：第一，Mn 为 B 位掺杂元素，对所要研究的 A 位掺杂影响较小；第二，王翠娟[77]前期通过对 BFO 基薄膜的研究，发现适量 Mn 元素的加入，可以显著改善所制备的 BFO 薄膜样品的漏电特性，提高薄膜抗击穿性能。基于以上两点，本节选用 Sr 元素作为研究对象，研究不同 Sr 掺量对 Mn 掺杂 2%的 BFO 薄膜（简写为 BFMO）结构和性能的影响；在此基础上，优化了 BSFMO 薄膜的制备工艺。

刘晶晶[78]对 BFMO 薄膜中 Bi 的加入量进行研究发现，在退火温度一定的情况下，其 Bi 最佳过量百分比也相同；在 Hu 等[72,79]对 BFO 基薄膜研究过程中还发现，退火温度一定，所加入的过量 Bi 基本相同。

3.7.1 Sr 掺量对 BFMO 薄膜结构和性能的影响

图 3.40 为不同 Sr 掺量的 BSFMO$_x$ 薄膜的 XRD 图谱，从图中可以看出，衍射峰与扭曲的菱方钙钛矿 R3c 结构相匹配（JCPDS：86-1518）。还可以发现，一方面，随着 Sr 掺量的增加，薄膜样品（202）衍射峰强度增加；另一方面，具有竞争性生长关系的（104）/（110）衍射峰强度增加，（012）衍射峰强度降低。从图 3.40 中可以发现，随着 Sr 掺量的增加，$I=I$（104）/（110）/I（012）从 0.47、2.20、7.11 增加到 9.56，有文献报道，（202）和（104）/（110）衍射峰强度的增加，有利于剩余极化强度的提高[69,70]，因此断定，2%和 3%Sr 掺量的 BSFMO$_x$ 薄膜的铁电性较好。

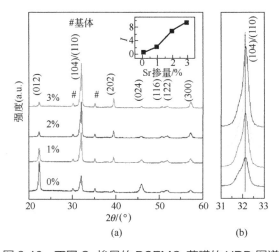

图 3.40 不同 Sr 掺量的 BSFMO$_x$ 薄膜的 XRD 图谱

3.7.2　Sr 掺量对 BFMO 薄膜铁电特性的影响

图 3.41 为不同 Sr 掺量 BSFMO 薄膜的电滞回线，测试频率为 1kHz，从图中可以看出，所有 Sr 掺杂的 BSFMO 薄膜样品的抗击穿性能均比未掺杂的 BFMO 薄膜低。Sr 元素的加入，$(Sr_{Bi^{3+}}^{2+})'$ 的量增加，使得 ABO_3 型钙钛矿结构中电荷不平衡程度增加，为了达到电荷平衡，薄膜中势必将形成较多的 $(V_{O^{2-}})''$，较多 $(V_{O^{2-}})''$ 的存在可以用来解释 Sr 掺杂后，BSFMO 薄膜抗击穿性能降低这一现象。相反，Sr 掺杂后的 BSFMO 薄膜的剩余极化强度均比未掺杂的 BFMO 薄膜高，这与 Sr 掺杂后 BSFMO 薄膜的相结构有关，从 XRD 图中可以看出，Sr 掺杂后薄膜具有相对较高的（202）和（104）/（110）衍射峰强度，且随着 Sr 掺量的增加衍射峰强度增加。另外，还可以发现，随着 Sr 掺量的增加，BSFMO 薄膜的剩余极化强度略有减小，这应该是由较多 $(V_{O^{2-}})''$ 的存在引起的。另外，随着测试电场的继续增加（>700kV/cm），Sr 掺量的增加（<2%），BSFMO$_{x=2\%}$薄膜的最大剩余极化强度可达 90.1μC/cm^2，此时测试电场为 800kV/cm。然而，正如图 3.41（a）所示，继续增加 Sr 掺量，虽然剩余极化强度仍会增加，但此时漏电流密度也有明显增大，这将不利于铁酸铋的实际应用，因此，选择 2% 为最佳 Sr 掺量。

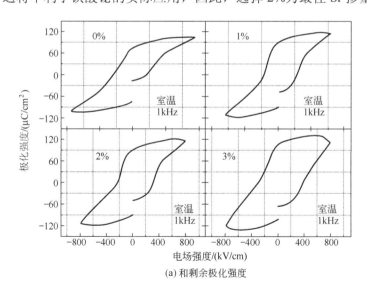

(a) 和剩余极化强度

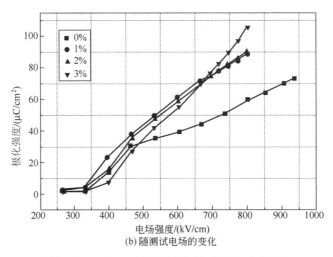

(b) 随测试电场的变化

图 3.41　不同 Sr 掺量 BSFMO 薄膜的电滞回线

图 3.42（a）为不同 Sr 掺杂的 $BSFMO_x$ 薄膜的漏电流密度随测试电场的变化曲线。从图中可以看出，所有测得的 J-E 曲线在不同正负电场下略有不对称，这一现象可能与 Au/BFMO 和 ITO/BFMO 之间不同的界面状态有关[13]。当测试电场为 350kV/cm 时，随着 Sr 掺杂量的增加，所制备的 $BSFMO_x$ 薄膜样品的漏电流密度逐渐变小，原因是：①增加的 $(Sr_{Bi^{3+}}^{2+})'$ 会抑制 $(Fe_{Fe^{3+}}^{2+})'$ 的形成，从而使得所制备的 BFMO 薄膜的漏电流密度降低。②较多缺陷电子对 $(Sr_{Bi^{3+}}^{2+})'$-$(V_{O^{2-}})''$ 的形成又会限制 $(V_{O^{2-}})''$ 的移动，$(V_{O^{2-}})''$ 作为漏电形成的载体，会增加 $BSFMO_x$ 样品的漏电流，从而降低漏电流。还可以看出，随着测试电场的增加，具有较多 Sr 掺杂量的 $BSFMO_x$ 薄膜样品的漏电流增加更快，这应该是由于较多 Sr 掺杂的 $BSFMO_x$ 薄膜中具有较多的 $(Sr_{Bi^{3+}}^{2+})'$-$(V_{O^{2-}})''$，随着测试电场的增加，势必将有较多缺陷电子对被打开，较多自由移动的 $(V_{O^{2-}})''$ 等缺陷形成，进而使得薄膜的漏电性能恶化加剧。

为找出 Sr 掺杂降低 $BSFMO_x$ 薄膜漏电流的根源，对薄膜的漏电传导机制进行了讨论，在以往的 BFO 研究中，欧姆传导机制和空间电荷限制传导机制经常被观察到[80]。基于 $J \propto E^\alpha$ 关系，对漏电流密度曲线进行线性拟合，得到图 3.42（b）。在低电场下，掺量分别为 0%、1%、2% 和 3% 的 $BSFMO_x$ 薄膜的斜率分别为 1.11、1.14、1.15 和 1.05，均接近 1。换言之，欧姆传导机制在低电场下占主导。随着测试电场的增加，未掺杂的 BFMO 的斜率为 1.47，依据 Kawae 课题组[81]所报道的，BFMO 薄膜的漏电传导机制为修正的空间电荷限制传导机制，因此，我们可以断定斜率为 1.47 段为具有深阱的修正空间电荷限制机制的一部分。掺杂量为 1% 和 2% 的 BSFMO$_x$ 薄膜的斜率分别为 1.84 和 2.03，接近于 2，表明空间电荷限制传导机制占主导。为了解释这一现象，我们认为自由移动的 $(V_{O^{2-}})^{\cdot\cdot}$ 和 $(Sr_{Bi^{3+}}^{2+})'$ 而不是缺陷电子对 $(Sr_{Bi^{3+}}^{2+})'$-$(V_{O^{2-}})^{\cdot\cdot}$ 是漏电传导的载体。随着 Sr 掺杂量的增加（0~2%），缺陷电子对 $(Sr_{Bi^{3+}}^{2+})'$-$(V_{O^{2-}})^{\cdot\cdot}$ 的数量随之增加，当测试电场增大时，缺陷对被打开而产生的自由移动的 $(V_{O^{2-}})^{\cdot\cdot}$ 和 $(Sr_{Bi^{3+}}^{2+})'$ 随之增加，从而使得漏电迅速增大，漏电机制由修正的 Child's Law 向 Child's Law 转变[81]。对于 Sr 掺杂量为 3% 的 BSFMO$_x$ 薄膜，随着测试电场的增加，斜率逐渐由 1.48 增加到 3.83，这应该是由于较多 Sr 的掺杂使得薄膜中存在较多自由移动的 $(Sr_{Bi^{3+}}^{2+})'$。另外，掺量为 3% 的 BFMO 薄膜具有低的漏电流密度也应该与此形成的深阱有关。

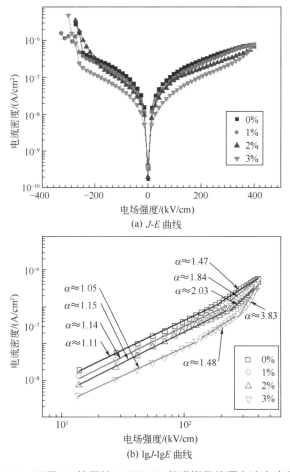

(a) J-E 曲线

(b) $\lg J$-$\lg E$ 曲线

图 3.42　不同 Sr 掺量的 BSFMO$_x$ 薄膜样品的漏电流密度曲线

3.7.3　退火温度对 BSFMO 薄膜结构和性能的影响

在制备 BFO 薄膜样品的过程中，退火温度对薄膜样品晶粒的形核与长大起着关键性的作用，对薄膜样品最终的相结构和铁电、漏电性能起着直接的影响作用。薄膜的退火过程是由非晶态向晶态的转变过程。样品的制备过程退火温度越高，晶粒形核和长大的速率也就越快。然而，考虑到 BFO 薄膜样品的形成过程，如果退火温度过高，将会有其他杂质相的产生。制备 BFO 薄膜的过程中可能发生的主要反应如下[77]：

$$Bi(NO_3)_3 \cdot 5H_2O \longrightarrow Bi_2O_3 + NO_2\uparrow + O_2\uparrow \tag{3.10}$$

$$Fe(NO_3)_3 \cdot 9H_2O \longrightarrow Fe_2O_3 + NO_2\uparrow + O_2\uparrow \tag{3.11}$$

$$Bi_2O_3 + Fe_2O_3 \longrightarrow 2BiFeO_3 \tag{3.12}$$

当退火温度过高时，可能发生反应：

$$Bi_2O_3 + 2Fe_2O_3 \longrightarrow Bi_2Fe_4O_9 \tag{3.13}$$

因此，有必要对退火温度这一制备工艺参数进行研究。通过前几节的讨论得出，在 Bi 过量 10%，Sr 掺杂量为 2% 时，所制备的 $BSFMO_x$ 薄膜样品具有较为优异的性能。因此，接下来以 $Bi_{0.98}Sr_{0.02}Fe_{0.98}Mn_{0.02}O_3$（简记为 BSFMO）为研究对象，制备不同退火温度下（退火温度为 475℃、500℃、525℃和 500℃，保温 300s）的 BSFMO 薄膜样品，探讨退火温度对 BSFMO 薄膜晶体结构、铁电性能和介电性能的影响。

3.7.3.1　退火温度对 BSFMO 薄膜晶体结构的影响

图 3.43 为不同退火温度 BSFMO 薄膜的 XRD 图谱，从图中可以看出，所有薄膜的衍射峰均与扭曲的菱方钙钛矿结构相匹配（JCPDS：86-1518）。当退火温度为 475℃时，薄膜样品中出现了 Bi_2O_3 杂相的衍射峰，结合铁酸铋薄膜的形成过程，这应该是由较低的退火温度，BSFMO 在形成过程反应不完全造成的。随着退火温度的升高（475～525℃），（012）和（104）/（110）衍射峰强度均增加，这应该是由于退火温度的升高，为 BSFMO 薄膜的形核、长大提供的能量逐渐充足。图 3.43（b）为 31°～33°的 XRD 放大图，可以清楚地看到，当退火温度为 550℃时，薄膜样品的（104）/（110）衍射峰向小角度偏移，根据布拉格方程，薄膜晶面间距将增大。还可以发现，衍射峰的半峰宽变大，薄膜结晶质量

变差，这可能是退火温度过高，薄膜样品的晶粒异常生长造成的，同样的现象在王翠娟等[82]的研究中也被观察到。另外，通过谢乐公式，可以计算出退火温度为 475℃、500℃、525℃ 和 550℃ 的 BSFMO 薄膜的平均晶粒尺寸分别为 26.63nm、27.94nm、29.09nm 和 29.49nm。

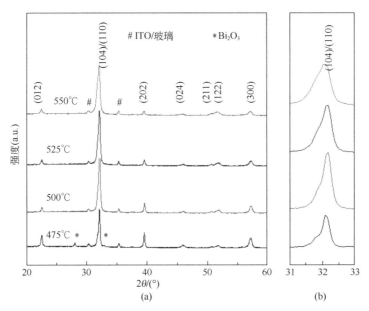

图 3.43　不同退火温度制备的 BSFMO 薄膜的 XRD 图谱

3.7.3.2　退火温度对 BSFMO 薄膜铁电性能的影响

图 3.44 为不同退火温度制备的 BSFMO 薄膜的电滞回线，表 3.2 为电滞回线的相关参数，从图中可以看出，所有制备的薄膜样品均具有较为饱和的电滞回线。随着退火温度的增加（475～525℃），薄膜样品的剩余极化强度增加，退火温度的增加，有利于薄膜样品晶粒的形核和长大，从而使得所制备的薄膜样品的晶界减少（晶界处是缺陷富集区域），进而使所制备的 BSFMO 薄膜样品的剩余极化强度增大。当退火温度为 550℃ 时，尽管 BSFMO 薄膜具有较高的剩余极化强度，但电滞回线表现出明显的漏电特性，这将不利于它的实际应用，因此，BSFMO 薄膜最佳退火温度为 525℃。

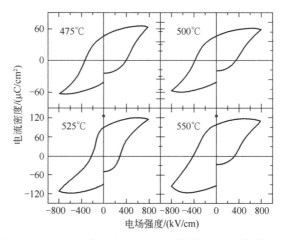

图 3.44　不同退火温度 BSFMO 薄膜的 P–E 电滞回线

表 3.2　不同退火温度 BSFMO 薄膜 P-E 电滞回线的相关参数

项目	475℃	500℃	525℃	550℃
$P_r/(\mu C/cm^2)$	44.176	72.319	90.129	96.810
$P_s/(\mu C/cm^2)$	61.385	95.920	116.650	107.862
P_r/P_s	71.965%	75.395%	77.264%	89.754%
$E_c/(kV/cm)$	381.718	327.153	282.37	315.393
$-E_c/(kV/cm)$	323.489	379.536	216.512	403.683
$\Delta E_c/(kV/cm)$	58.229	52.383	65.858	88.29

3.7.3.3　退火温度对 BSFMO 薄膜介电性能的影响

图 3.45 和图 3.46 分别为不同退火温度下制备的 BSFMO 薄膜的介电常数和介电损耗随测试频率的变化规律曲线。从图中可以看出，在低频段（频率敏感段），随着测试频率的升高，介电常数和介电损耗均下降。当测试频率达到一定的值后（频率稳定段），介电常数和介电损耗稳定性较好，认为界面极化对于空间电荷的弛豫效应是造成这一现象的主要原因。在低频段，空间电荷的翻转与测试电场的频率相当，当测试电场频率增加到一定值后，介电常数对频率表现出较弱的依赖性。还可以发现，随退火温度的增加，介电常数逐渐增大。内部晶界层电容器模型[83]：

$$\varepsilon_r=\varepsilon_{gb}(t_b/t_{gb}) \tag{3.14}$$

式中，ε_r 为电容器的介电常数；ε_{gb} 为界面处的介电常数；t_b 为平均晶粒尺寸；t_{gb} 为晶界厚度。可以看出，电容器介电常数与晶粒尺寸成正比，这与 XRD 分析是一致的。当测试频率高于 10^5Hz 时，介电损耗有一明显的增加，此时介电常数也有一明显的降低，这应该是由于畴的翻转跟不上外加测试电场频率的变化造成的。当频率为 10^5Hz 时，随着退火温度的增加，薄膜的介电常数分别为201、191、232、272，此频率下测得的薄膜样品的介电损耗分别为0.217、0.174、0.190、0.261。

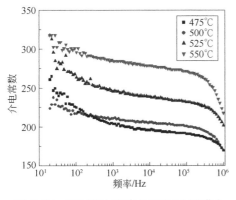

图 3.45　不同退火温度 BSFMO 薄膜介
电常数随测试频率的变化关系

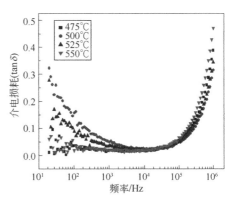

图 3.46　不同退火温度 BSFMO 薄膜介电
损耗随测试频率的变化关系

3.7.4　BSFMO 薄膜老化性能的研究

老化行为对铁电薄膜的影响主要表现在薄膜的介电、压电常数，特别是剩余极化强度随着时间的衰减。这些薄膜性能的改变势必造成薄膜稳定性的下降。特别是当薄膜被应用到器件中时，器件的可靠性几乎完全依赖于铁电薄膜的稳定性。经过长时间的放置后，老化的存在将使器件内部保存的信号衰减，当再次使用时，其内部保存的信息将有可能无法正确读出，严重时会造成器件的完全失效。因此，研究清楚薄膜的老化机制就显得非常重要。

在铁电材料中，其老化行为主要表现在双电滞回线现象[84]（电滞回线的夹持现象）、矫顽场的非对称现象[85]（电滞回线沿 E 轴的偏移现象）和介电或压电常数随时间逐渐降低的现象[86]。通过对老化的铁电材料重新施加大的交流电场[87]或重新在其居里温度以上进行热处理[88]可以进行退老化。对薄膜重新施加大的交流电场[87]（薄膜不击穿为前提），并使薄膜在此电压下反复极化翻转，目的是使薄膜中形成缺陷偶极子的点缺陷在高电压的作用下拉开到离彼此尽量远的格点上，从而使它们在电压撤去后没有足够的能量再次结合形成缺陷偶极子。在缺陷偶极子大量减少之后，薄膜中没有了足够的使铁电畴逆向翻转的驱动力，其老化现象自然就会减轻甚至完全消失。

图 3.47 为 BSFMO 薄膜预加高交流电场前后所测得的电滞回线随电压的变化，其中，图 3.47（a）为预加高交流电场之前测得的 BSFMO 薄膜的电滞回线随施加的测试电场的变化，图 3.47（b）为预加 1000ms 高交流电场之后的 BSFMO 薄膜的电滞回线随施加的测试电场的变化。从图中均可以看出，随着测试电场的增加，所制备的 BSFMO 薄膜的电滞回线矩形度增大。不容忽视的是，随着测试电场的增大，薄膜样品的双电滞回线削弱直至消失。测试电场的增加，使得薄膜中的缺陷电子 $(Sr_{Bi^{3+}}^{2+})'$-$(V_{O^{2-}})''$ 被打开，内部所形成的局部电场的作用逐渐削弱，从而使得 BSFMO 薄膜双电滞回线程度降低，直至消失。对预加大的交流电场前后相同电压之下测得的电滞回线进行比较发现，预加大的交流电场之后的电滞回线无明显的双电滞回线现象，因此认为预加大的交流电场有去老化的作用，其作用过程是通过缺陷电子对 $(Sr_{Bi^{3+}}^{2+})'$-$(V_{O^{2-}})''$ 的打开实现的，以上研究发现，较多自由移动的氧空位 $(V_{O^{2-}})''$ 和取代铋位的锶离子 $(Sr_{Bi^{3+}}^{2+})'$ 的产生，不利于薄膜的漏电性能的提高。

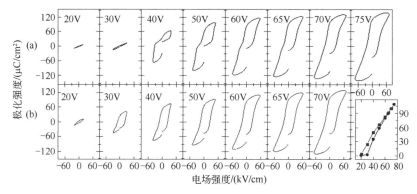

图 3.47　BSFMO 薄膜预加高交流电场前后的变化

图 3.48 为室温下测得的 BSFMO 薄膜预加 1000ms 高电场（E_a）前后的漏电流密度曲线。从图中可以看出，预加高交流电场之后所测得的 BSFMO 薄膜的漏电流密度比未提前预加高交流电场的大，与图 3.47 中 BSFMO 薄膜样品的电

滞回线随外加电场强度的变化图相吻合，验证了预加高交流电场去老化是通过缺陷电子对 $(Sr_{Bi^{3+}}^{2+})'\text{-}(V_{O^{2-}})''$ 的打开实现的。

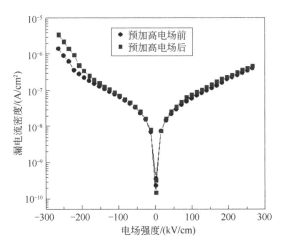

图 3.48　BSFMO 薄膜预加高电场前后的漏电流密度曲线

3.8　Cu、Zn、Mn 共掺杂对 BFO 薄膜结构和性能的影响

众所周知，BFO 薄膜存在较大的漏电流，使其性能下降很难达到应用的要求。在过去的几十年里，人们尝试了许多方法来降低薄膜的漏电流，并提高其铁电性能。其中最有效的方法是元素掺杂。掺杂按照元素价态又可以分为高价掺杂、同价掺杂和低价掺杂三种。

在本节中我们将对低价离子掺杂 BFO 薄膜进行研究。从理论上讲，低价离子掺杂会在薄膜中起三种作用：①引起氧空位的增加。②低价元素（小于+3 价）掺杂会引入带负电的缺陷 $(L_{Fe^{3+}}^{2+})'$，从而可以有效抑制 Fe^{3+} 的变价。③有文献报道，低价元素掺杂还可以形成缺陷偶极子，抑制氧空位的移动。那么这三种作用是如何影响薄膜性能的，哪种作用起主导，都需要进一步明确。因此，我们选择与 Fe^{3+} 半径相近的 Cu^{2+}，Zn^{2+} 和 Mn^{2+} 作为取代元素，初步探讨 B 位不同种类的低价离子掺杂对薄膜性能的影响。

3.8.1　Cu、Zn、Mn 共掺杂对 BFO 薄膜晶体结构的影响

图 3.49 为 Cu 掺杂 2%（摩尔分数，下同）（BFCO）、Zn 掺杂 2%（BFZO）和

Mn 掺杂 2%（BFMO）薄膜的 XRD 图谱。从图中可以清晰地看出，所有检测到的衍射峰均与扭曲的菱方钙钛矿结构相匹配，并且没有杂相生成。与纯相铁酸铋相比，过渡族金属元素（Cu、Zn、Mn）的掺杂并没有引起铁酸铋结构的显著改变。但是值得注意的是，与其他薄膜相比，Zn 元素掺杂以后的薄膜具有最高的（012）和（104）/（110）衍射峰。相反，Mn 掺杂以后，薄膜的（012）和（104)/（110）衍射峰最低。通过谢乐公式计算出的 BFO、BFCO、BFZO 和 BFMO 薄膜的晶粒尺寸分别为 28.4nm、29.1nm、30.1nm 和 23.0nm，说明 Zn 掺杂能够促进晶粒的生长，而 Mn 掺杂则抑制晶粒生长。

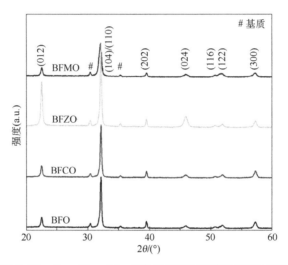

图 3.49　Cu、Zn、Mn 掺杂的 BFO 薄膜的 XRD 图谱

3.8.2　Cu、Zn、Mn 共掺杂对 BFO 薄膜漏电性能的影响

图 3.50 为室温下测得的 Cu、Zn、Mn 掺杂的 BFO 薄膜的漏电流密度和电场强度的关系图。从图中可以看出，所有样品的 J-E 曲线关于正负电场基本对称，且随着测试电场的增大，所有样品的漏电流密度增加。与纯相铁酸铋薄膜相比，Cu、Zn、Mn 掺杂以后铁酸铋薄膜的漏电流密度均有不同程度的降低。我们把原因归结为两个方面：一方面，二价的 Cu^{2+}、Zn^{2+}、Mn^{2+} 掺杂可以抑制 Fe^{3+} 转化为 Fe^{2+}。另一方面，掺杂以后形成的缺陷电子对[$(Cu_{Fe^{3+}}^{2+})'$-$(V_{O^{2-}})''$]、[$(Zn_{Fe^{3+}}^{2+})'$-$(V_{O^{2-}})''$]或[$(Mn_{Fe^{3+}}^{2+})'$-$(V_{O^{2-}})''$])限制了氧空位的移动。BFMO 薄膜具有

最小的漏电流密度，当测试电场为 265kV/cm 时，它的漏电流密度是 $1.72 \times 10^{-7} A/cm^2$。从 XRD 的结果来看，较小的晶粒尺寸（晶界较多，对漏电流的限制作用加强）是降低漏电的重要因素[79]。值得注意的是，随着测试电场的增加，BFZO 薄膜的漏电流密度上升速度比其他薄膜快，并且当测试电场超过 250kV/cm 时，BFZO 薄膜的漏电流密度超过了纯相 BFO 薄膜的漏电流密度。这主要是因为缺陷电子对 $[(Zn_{Fe^{3+}}^{2+})'$-

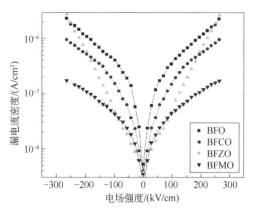

图 3.50　Cu、Zn、Mn 掺杂的 BFO
薄膜的漏电流密度曲线

$(V_{O^{2-}})'']$ 在高电场下被打开，从而形成了自由移动的 $[(Zn_{Fe^{3+}}^{2+})']$ 和 $[(V_{O^{2-}})'']$[72]。

3.8.3　Cu、Zn、Mn 共掺杂对 BFO 薄膜铁电性能的影响

图 3.51 为在室温、频率为 1kHz 条件下测得的过渡金属元素 Cu、Zn、Mn 掺杂的 P-E 电滞回线图。与纯相铁酸铋薄膜相比，获得了好的铁电性能，比如大的剩余极化强度和低的矫顽场强。纯相的铁酸铋薄膜在测试电场 933kV/cm 时，矫顽场强为 627kV/cm，剩余极化强度为 $112.6\mu C/cm^2$。对于 BFZO 薄膜来说，在相同的电场强度下，剩余极化强度达到 $126.7\mu C/cm^2$。以下一种或者多种因素可以解释这一现象：①高的（012）和（104）/（110）衍射峰；②一部分可能来源于漏电的贡献；③由于复合缺陷导致了铁电性能的增强，其影响有待进一步研究。BFCO 薄膜的剩余极化强度为 $120.6\mu C/cm^2$，较纯相略有提高，此时矫顽场强为 624kV/cm，较纯相略有降低。但是 Mn 掺杂以后铁酸铋薄膜的剩余极化强度为 $105\mu C/cm^2$，矫顽场强为 491kV/cm。Mn 掺杂以后剩余极化强度和矫顽场强都降低，这主要是因为 Mn 掺杂以后铁酸铋薄膜的晶化程度降低。

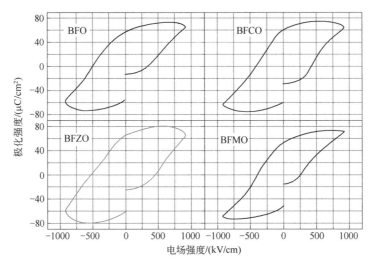

图 3.51　Cu、Zn、Mn 掺杂的 BFO 薄膜的电滞回线

3.9　Mn、Ti 共掺杂对 BFO 薄膜结构和性能的影响

3.3 节和 3.5 节分别研究了 B 位低价元素 Mn、Zn 掺杂对 BFO 薄膜结构、形貌及性能的影响，发现适量的 Mn 和 Zn 掺杂可以有效降低漏电流，改善薄膜的铁电性能。据文献报道，掺入低价态离子形成 $(A_{Fe^{3+}}^{2+})'$ 缺陷可以抑制薄膜中 Fe^{2+} 的产生[42,89]，降低薄膜中的漏电流，但是同时薄膜会发生较严重的老化，铁电畴翻转困难，老化会对薄膜的铁电性能造成非常不利的影响。根据缺陷化学，掺入高价态离子形成 $(A_{Fe^{3+}}^{4+})''$ 缺陷可以有效减少薄膜中 $(V_{O^{2-}})''$ 的数量[87,90]，从而减轻薄膜的老化程度。因此，我们猜想通过高低价离子共掺杂的协同作用，可以达到既减少薄膜的漏电流又避免薄膜发生老化的目的。

本节采用溶胶-凝胶法结合层层退火工艺在 ITO/玻璃衬底上制备了纯相 BFO、$BiFe_{0.96}Mn_{0.04}O_3$（BFMO）、$BiFe_{0.96}Ti_{0.04}O_3$（BFTO）和 $BiFe_{0.96}Mn_{0.02}Ti_{0.02}O_3$（BFMTO）薄膜，研究了在循环施加高电场的过程中 BFMO 薄膜的电滞回线的演变过程，并探讨了 Mn、Ti 单掺以及 Mn、Ti 共掺对 BFO 薄膜的晶体结构、表面形貌和性能的影响，并对其机理进行了深入的分析。

3.9.1　Mn、Ti 共掺杂对 BFO 薄膜晶体结构的影响

图 3.52 为在 ITO/玻璃衬底上制备的 BFO、BFMO、BFTO、BFMTO 薄膜的

XRD 图谱，从图中可见，所有的衍射峰都与扭曲的三角钙钛矿 R3c 结构完全匹配（JCPDS：86-1518），说明薄膜结晶良好。值得注意的是，从 XRD 中没有观察到 Bi$_2$O$_3$、Bi$_2$Fe$_4$O$_9$ 等杂相，说明加入 Mn 源和 Ti 源后的前驱体溶液稳定性仍然较好。薄膜晶粒的生长没有特定的取向，这是由于 ITO 与 BFO 薄膜晶格常数不匹配，没有外延关系，所以生长的薄膜为没有择优取向的多晶膜。掺杂后的薄膜的（012）和（110）衍射峰的相对强度有所不同，但是衍射峰的形状没有发生根本性的改变，说明 Mn 和 Ti 掺杂并没有改变 BFO 的晶体结构。

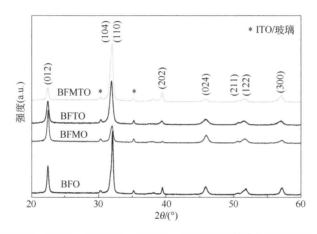

图 3.52　BFO、BFMO、BFTO、BFMTO 薄膜的 XRD 图谱

3.9.2　Mn、Ti 共掺杂对 BFO 薄膜微观形貌的影响

图 3.53 为 BFO、BFMO、BFTO、BFMTO 薄膜的 SEM 图像，从图中可以明显看出掺杂后薄膜表面形貌的变化。纯相 BFO 薄膜的致密度较低，晶粒聚集在一起形成松散的团絮状，薄膜内部存在较多缺陷，如空洞和裂纹等，这些缺陷的存在会恶化薄膜的性能，导致漏电流的增加。而在 BFMO、BFTO、BFMTO 薄膜中则没有发现这些缺陷。BFMO、BFMTO 薄膜的表面形貌比较相似，表面比较致密光滑，BFMTO 薄膜的晶粒更细，而 BFMO 薄膜的晶粒大小则更均匀。BFTO 薄膜中也存在晶粒团聚的现象，团与团之间的界面比较明显，但是表面仍然较致密，没有出现大的孔隙。

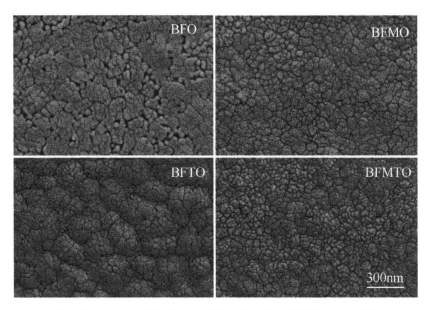

图 3.53　BFO、BFMO、BFTO、BFMTO 薄膜的 SEM 图像

3.9.3　Mn、Ti 共掺杂对 BFO 薄膜漏电特性的影响

图 3.54 为 BFO、BFMO、BFTO、BFMTO 薄膜的漏电流密度曲线，从图中可以看出，BFO 薄膜的漏电流密度随电场强度增加而迅速呈直线增加，在电场强度大于 400kV/cm 时就由于漏电流密度过大而击穿了。这是由于薄膜中缺陷较多，抗击穿性能较差。而掺杂后的薄膜的抗击穿性能有了明显的改善。在低电场下 BFTO 的漏电流密度最低，约为 10^{-5}A/cm^2，但是随着电场强度增加，漏电流密度逐渐开始呈指数形式增加；而且正负方向的漏电流密度并不相同，负方向的漏电流密度比正方向要高出一个数量级，表现出明显的二极管效应，这一点在下面的电滞回线中也会有所体现。BFMO 薄膜的漏电流密度在低电场下迅速增加，在电场强度大于 100kV/cm 时逐渐稳定在 10^{-3}A/cm^2 左右。BFMTO 薄膜的漏电流密度在低电场下比 BFTO 稍高一些，但是随着电场强度的增加，其漏电逐渐稳定，在高电场强度下表现出十分优异的性能，这说明只引入高价离子无法有效降低薄膜的漏电流，而 Mn、Ti 共掺则能够起到很好的抑制漏电的作用。

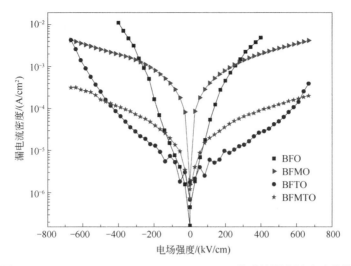

图 3.54　BFO、BFMO、BFTO、BFMTO 薄膜的漏电流密度曲线

3.9.4　Mn、Ti 共掺杂对 BFO 薄膜铁电性能的影响

在 3.5 节中，我们在 200Hz 下测试了 BFMO 薄膜的电滞回线，发现由于 Mn 掺杂后薄膜中存在大量的缺陷偶极子，导致薄膜发生了老化，铁电畴无法翻转，所以测得的电滞回线矫顽场不对称程度很高，电滞回线缺口也较大。本次测试中，我们首先通过反复施加高电场的办法来使薄膜中的缺陷偶极子断开，并将形成缺陷偶极子的点缺陷 $(V_{O^{2-}})''$ 和 $(A_{Fe^{3+}}^{2+})'$ 在高电场作用下拉开到离彼此尽可能远的格点上，然后再在 1kHz 下测试电滞回线。去老化过程中电滞回线的演变过程如图 3.55（a）～图 3.55（d）所示，各个电滞回线的相关参数如表 3.3 所示。图 3.55（a）为没有去老化时测得的电滞回线，电滞回线形状较差，缺口非常大，这是由于薄膜中存在较多的缺陷偶极子，导致铁电畴无法翻转。随着高压翻转次数增加，$(V_{O^{2-}})''$-$(A_{Fe^{3+}}^{2+})'$ 缺陷对逐渐打开，对电畴翻转的阻碍作用减弱，电滞回线的矫顽场逐渐减小，剩余极化逐渐增加，经过 1300kV/cm 的高电场循环作用后，BFMO 薄膜的电滞回线趋于饱和 [图 3.55（b）～图 3.55（d）]。

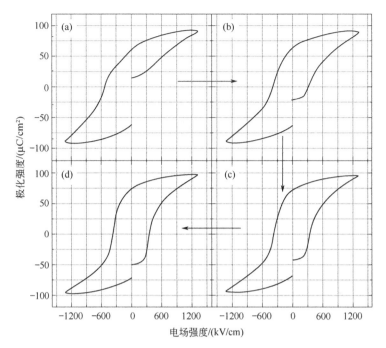

图 3.55　BFMO 薄膜去老化过程中 P–E 电滞回线的演变过程

表 3.3　BFMO 薄膜去老化过程中各电滞回线的相关参数

编号	P_r/(μC/cm^2)	$-E_c$/(kV/cm)	E_c/(kV/cm)	ΔE_c/(kV/cm)
（a）	59	−535	—	—
（b）	63	−390	330	−30
（c）	71	−364	356	−4
（d）	73	−357	356	−0.5

　　图 3.56 为在 1kHz 下测得的 BFO、BFMO、BFTO、BFMTO 薄膜的 P-E 电滞回线，表 3.4 为电滞回线的相关参数。其中，BFMO 的电滞回线是经过去老化处理后的结果。由图可知，BFO 薄膜的剩余极化最大，但是由于 BFO 薄膜具有较大的漏电流，所以测得的剩余极化可能要大于真实的剩余极化。去老化后的 BFMO 薄膜测得的电滞回线形状较理想，正负矫顽场对称性也较高，但是 BFMO 薄膜中的老化现象依然是一个不得不考虑的问题，老化会严重影响薄膜性能的稳定性和可靠性。而且 Mn 掺量为 4%的 BFMO 薄膜的漏电流已经达到 $5×10^{-3}$A/cm^2，而 BFTO、BFMTO 薄膜的漏电流要低一个数量级左右。BFTO 薄膜电滞回线的负方向出现了明显的漏电现象，这是由于 Ti 掺杂导致薄膜正负方向漏电流大小不一

致，出现了明显的二极管效应，这在图 3.54 的漏电流密度曲线中也有所体现；同时其矫顽场的非对称程度也较高，这应该是由 Ti 掺杂导致的。而 Mn、Ti 共掺的 BFO 薄膜中则没有出现这种现象。BFMTO 薄膜的剩余极化与 BFTO 接近，但是其矫顽场对称程度非常高，也没有出现 BFMO 薄膜的老化现象，这可能是由于在 BFMO 薄膜中 Mn 离子+2、+3、+4 价共存，而 Ti^{4+} 掺杂后由于空间电荷补偿机制 Mn^{3+}、Mn^{4+} 的数量减少，Ti^{4+} 能够减少薄膜中 $(V_{O^{2-}})''$ 的数量，而 Mn^{2+} 能够有效抑制 Fe^{3+} 的变价，Ti^{4+} 与 Mn^{2+} 协同作用从而有效改善了薄膜的铁电性能。

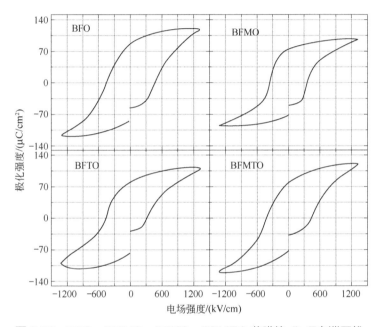

图 3.56　BFO、BFMO、BFTO、BFMTO 薄膜的 *P–E* 电滞回线

表 3.4　BFO、BFMO、BFTO、BFMTO 薄膜 *P-E* 电滞回线的相关参数

薄膜样品	P_r/($\mu C/cm^2$)	$-E_c$/(kV/cm)	E_c/(kV/cm)	ΔE_c/(kV/cm)
BFO	83	474	−467	3.5
BFMO	73	−357	356	−0.5
BFTO	79	−451	315	−68
BFMTO	77	−415	418	1.5

3.10　本章小结

① 用溶胶-凝胶法在 ITO/玻璃衬底上制备了不同退火温度（450℃、475℃、

500℃和525℃）的 BFO 薄膜，系统研究了退火温度对 BFO 薄膜样品的晶体结构、显微结构以及铁电性能的影响，并分析了相关机理。随退火温度的升高，衍射峰强度逐渐增加并变得尖锐，晶粒尺寸逐渐增加，退火温度为 500℃ 的 BFO 薄膜（012）取向择优度最大，约为 79%。当退火温度不高于 500℃ 时，随退火温度升高，薄膜的晶粒逐渐长大，结晶颗粒细密而均匀；当退火温度增加到 525℃ 时，晶粒异常长大，导致晶粒尺寸分布不均，致密度下降。退火温度升高，薄膜的剩余极化增加，矫顽场减小，525℃ 退火的 BFO 薄膜的剩余极化强度达到 74μC/cm²，但是同时出现了明显的漏电现象。因此，制备 BFO 薄膜的最佳温度应为 500℃。

② 最佳 Bi 过量 10%，此时所制备的薄膜没有杂相产生，薄膜结晶程度较好，表面平整致密，没有观察到疏松多孔的结构，准同型相界存在使薄膜相结构具有较大的活性，在测试电场为 1213kV/cm 时，剩余极化强度达 71.18μC/cm²，矫顽场强为 412.52kV/cm；当测试电场为 600kV/cm 时，漏电流密度为 $7.8×10^{-7}$A/cm²；当测试频率为 10^5Hz 时，薄膜的相对介电常数为 208，介电损耗为 0.042。

③ 系统地研究了 Zn 掺量对 BFO 薄膜结构、元素价态、氧空位浓度和电性能的影响，得到了 BFO 薄膜性能较好时的最佳 Zn 掺量。当 Zn 掺量为 1%（摩尔分数）时，BFZO 薄膜的晶粒发育较好，实验结果表明，Fe^{2+} 和氧空位的浓度较低，当测试电场强度为 880kV/cm 时，剩余极化强度 $2P_r$=82.05μC/cm²，矫顽场强 $2E_c$=67.49kV/cm。在测试电场为 200kV/cm 的条件下，漏电流密度接近 $3.54×10^{-7}$A/cm²，此时，空间电荷限制电流传导机制是主要的导电机制。

④ 通过对不同退火气氛下 BFZO 薄膜的铁电和介电性能的研究，结果表明，BFZO 薄膜在 O_2 退火气氛下铁电和介电性能较好，漏电流密度较低。当测试电场强度为 886kV/cm 时，剩余极化强度 $2P_r$=83.3μC/cm²，矫顽场强 $2E_c$ = 877kV/cm。当测试电场强度为 200kV/cm 时，漏电流密度约为 $3.87×10^{-6}$A/cm²，漏电机制为 F-N 隧穿效应机制，测试频率为 10^5Hz 时，介电常数为 169，介电损耗为 0.05。实验证明，在 O_2 气氛下退火有利于 BFZO 薄膜晶粒的发育，降低氧空位的浓度，减小薄膜的漏电流，使得薄膜的性能得到提高。

⑤ 系统研究了 Mn 掺杂量对 BFO 薄膜样品的晶体结构、表面形貌、漏电特性以及铁电性能的影响，并分析了相关机理，得到以下结论：适量的 Mn 掺杂有利于（110）取向的晶粒生长，Mn 掺杂可以使 BFO 薄膜的表面变得平整光

滑，而且结构较为致密，这将有助于抑制薄膜的漏电，提高薄膜在电学性能测试中的抗击穿能力。Mn 掺杂使薄膜发生老化，导致薄膜剩余极化较纯相有所降低，矫顽场非对称程度较高，但是 Mn 掺杂具有较好的抑制漏电的作用，随 Mn 掺量的增加，晶粒逐渐长大，晶界对漏电的阻碍作用减弱，漏电又会逐渐增加。

⑥ 用溶胶-凝胶法在 ITO/玻璃衬底上制备了不同前驱液浓度（0.2mol/L、0.25mol/L、0.3mol/L 和 0.35mol/L）的 BFMO 薄膜，系统研究了前驱液浓度对 BFMO 薄膜样品的晶体结构、表面形貌及铁电、漏电性能的影响，并对其漏电机制进行了详细的讨论，得出如下结论：薄膜制备所需最佳前驱液浓度为 0.3mol/L，此时制备的薄膜样品晶粒细小均匀，性能最好。在测试电场为 1026kV/cm 时，0.3mol/L 的 BFMO 薄膜样品的剩余极化强度（$2P_r$）最大为 149.3μC/cm^2，矫顽场强（$2E_c$）为 707.2kV/cm。在测试电场为 300kV/cm 时，薄膜的漏电流密度最小为 9.8×10^{-8}A/cm^2。通过对漏电机制的分析得出，0.3mol/L 和 0.35mol/L 的 BFMO 薄膜的主要漏电机制为低电场下的欧姆传导机制和高电场下的空间电荷限制电流传导机制。0.2mol/L 和 0.25mol/L 的 BFMO 薄膜除了以上两种漏电机制以外，在高电场下还存在 F-N 遂穿效应。从欧姆传导向蔡尔德定律的转变电压随着浓度增大而增大，且基本与薄膜厚度的平方成正比，这从侧面说明了前驱体溶液浓度通过影响薄膜厚度进而影响薄膜的性能。

⑦ 对 Sr 掺杂 BFMO 薄膜系统研究，探讨出 Sr 元素的最佳掺量为 2%，最佳退火温度为 525℃，薄膜剩余极化强度达 90.13μC/cm^2，矫顽场强为 282.37kV/cm，此时测试电场为 800kV/cm；测试电场为 350kV/cm 时，漏电流密度为 4.5×10^{-7}A/cm^2；测试频率为 10^5Hz 时，相对介电常数为 232，介电损耗为 0.190。认为自由移动的氧空位 $(V_{O^{2-}})^{\prime\prime}$ 和取代铋位的锶离子 $(Sr_{Bi^{3+}}^{2+})^{\prime}$ 而不是缺陷电子对 $(Sr_{Bi^{3+}}^{2+})^{\prime}$-$(V_{O^{2-}})^{\prime\prime}$ 是漏电传导的载体，对薄膜的漏电传输有贡献，使用这一观点对 Sr 掺杂提高薄膜铁电和漏电性能，BSFMO 薄膜老化的作用过程进行了解释。

⑧ 选取 Cu、Zn、Mn 元素为 B 位低价掺杂元素，掺杂量均为 2%（摩尔分数），制备了 BFO 薄膜，并对掺杂以后的薄膜的结构和性能进行了研究，主要得到以下结论：2%（摩尔分数）的 Cu、Zn、Mn 元素掺杂，由于掺杂量较小并未引起铁酸铋薄膜结构的显著变化。晶粒尺寸的计算结果显示，Zn 掺杂促进晶粒生长而 Mn 掺杂则抑制晶粒生长。Cu 和 Zn 掺杂可以提高薄膜的剩余极化强

度，当测试电场为 933kV/cm 时，Cu 和 Zn 掺杂的 BFO 薄膜的剩余极化强度分别为 120.6μC/cm² 和 126.7μC/cm²。在整个测试电场范围内，Cu 和 Mn 掺杂均可以降低 BFO 薄膜的漏电流，而 Zn 掺杂只在较低电场范围内对降低 BFO 薄膜的漏电流是有效的。

⑨ 研究了在循环施加高电场的过程中 BFMO 薄膜的电滞回线的演变过程，探讨了 Mn、Ti 单掺以及 Mn、Ti 共掺对 BFO 薄膜的晶体结构、表面形貌和性能的影响，得到的主要结论如下：纯相 BiFeO₃ 薄膜内部存在空洞和裂纹等缺陷，这些缺陷的存在导致了薄膜漏电流的增加。Mn 和 Ti 掺杂并没有改变 BFO 的晶体结构，但是对表面形貌的改善效果非常明显。纯相 BFO 薄膜中缺陷较多，抗击穿性能较差。而 B 位异价元素单掺可以使薄膜的抗击穿性能得到明显的改善，但是同时会使薄膜发生老化。通过反复施加高电场的办法可以使 BFMO 薄膜去老化，去老化过程中薄膜的电滞回线会逐渐趋于饱和。只引入高价离子（Ti）或低价离子（Mn）都无法有效降低薄膜的漏电流。BFMO 薄膜的漏电流密度较大，BFTO 的漏电流密度曲线表现出明显的二极管效应，而 Mn、Ti 共掺则能够起到很好的抑制漏电的作用，有效改善薄膜的铁电性能。

参考文献

[1] Song G L, Zhang H X, Wang T X, et al. Co co-doping on the dielectric and magnetoelectric properties of BeFeO₃ polycrystalline ceramics[J]. Journal of Magnetism and Magnetic Materials, 2012, 324:2121-2126.

[2] Yuan G L, Yuan S W. Ora, Multiferroicity in polarized single-phase Bi₀.₈₇₅Sm₀.₁₂₅FeO₃ ceramics[J]. Journal of Applied Physics, 2006, 100:024109-024113.

[3] Chang H W,Yuan F T, Tien S H, et al. Effect of Substrates on the Structure and Ferroelectric Properties of Multiferroic BiFeO₃ Films[J]. IEEE Transactions on Magnetics, 2014, 50(1):2500604-1-4.

[4] Reetu A, Agarwal S, Sanghi S, et al. Rietveld analysis, dielecttric and magnetic properties of Sr and Ti codoped BiFeO₃ multiferroic[J]. Journal of Applied Physics, 2011, 110:073909-1-6.

[5] Béa H, Bibes M, Barthélémy A, et al. Influence of parasitic phases on the properties of BiFeO₃ epitaxial thin films[J]. Applied Physics Letters, 2005, 87:072508-1-3.

[6] Yan J, Hu G D, Chen X M, et al. Ferroelectric properties, morphologies, and leakage currents of Bi₀.₉₇La₀.₀₃FeO₃ thin films deposited on indium tin oxide/glass substrates[J]. Journal of Applied Physics, 2008, 104:076103-1-3.

[7] Hu G D, Xu J B, Wilson I H, et al. Effects of a $Bi_4Ti_3O_{12}$ buffer layer on $SrBi_2Ta_2O_9$ thin films prepared by the metal-organic decomposition[J]. Applied Physics Letters, 1999, 74:3711-3713.

[8] Fan S H, Dong P C, Zhang F Q, et al. Preparation and Growth of Predominantly (100)-Oriented $Ca_{0.4}Sr_{0.6}Bi_4Ti_4O_{15}$ Thin Film by Rapid Thermal Annealing[J]. Journal of the American Ceramic Society, 2012, 95(6):1889-1893.

[9] Naganuma H, Miura J, Okamura S. Ferroelectric, electrical and magnetic properties of Cr, Mn, Co, Ni, Cu added polycrystalline $BiFeO_3$ films[J]. Applied Physics Letters, 2008, 93:052901.

[10] Yuan G L, Or S W, Liu J M. Structural transformation and ferroelectromagnetic behavior in single-phase $Bi_{1-x}Nd_xFeO_3$ multiferroic ceramics[J]. Applied Physics Letters, 2006, 89:052905-1-3.

[11] Fujino S, Murakami M, Anbusathaiah V, et al. Combinatorial discovery of a lead-free morphotropic phase boundary in a thin-film piezoelectric perovskite[J]. Applied Physics Letters, 2008, 92(20):202904-1-3.

[12] Maruno S. Model of leakage characteristics of $(Ba,Sr)TiO_3$ thin films[J]. Applied Physics Letters, 1998, 73(7):954-956.

[13] Song G L, Ma G J, Wang T X, et al. Effect of Ho^{3+} doping on the electric, dielectric, ferromagnetic properties and T_C of $BeFeO_3$ ceramics[J]. Ceramics International, 2014, 40:3579-3587.

[14] Zhong Z Y, Ishiwara H. Variation of leakage current mechanisms by ion substitution in $BiFeO_3$ thin films[J]. Applied Physics Letters, 2009, 95:112902.

[15] Makhdoom A R, Akhtar M J, Rafiq M A, et al. Investigation of transport behavior in Ba doped $BiFeO_3$[J]. Ceramics International, 2012, 38(5):3829-3834.

[16] Cho S M, Jeon D Y. Effect of annealing conditions on the leakage current characteristics of ferroelectric PZT thin films grown by sol-gel process[J]. Thin Solid Films, 1999,338: 149-154.

[17] Cui S G, Hu G D, Wu W B, et al. Aging-Induces Double Ferroelectric Hysteresis Loop and Asymmetric Coercivity in As-Deposited $BiFe_{0.95}Zn_{0.05}$ Thin Film[J]. Communication of the American Ceramic Society, 2009, 92(7):1610-1612.

[18] Zhang H, Liu W F, Wu P, et al. Unusual magnetic behaviors and electrical properties of Nd-doped $BiFeO_3$ nanoparticles calcined at different temperatures[J]. Journal of Nanoparticle Research, 2014, 16:2205.

[19] Varshney D, Sharma P, Satapathy S, et al. Structural, electrical and magnetic properties of $Bi_{0.825}Pb_{0.175}FeO_3$, and $Bi_{0.725}La_{0.1}Pb_{0.175}FeO_3$ multiferroics[J]. Materials Research Bulletin, 2014, 49:345-351.

[20] Park J M, Gotoda F, Nakashima S, Kanashima T, Okuyama M. Multiferroic properties of polycrystalline Zn-substituted $BiFeO_3$ thin films prepared by pulsed laser deposition[J]. Curr Appl Phys, 2011, 11:270-273.

[21] Lee M H, Park J S, Cho H J, et, al. Ferroelectric properties of Zn-and Ti-doped $BiFeO_3$ thin films[J]. J Korean

Phys Soc, 2012, 60:272-275.

[22] Raghavan C M, Kim J W, Kim S S. Effects of (Dy, Zn) co-doping on structural and electrical properties of BiFeO$_3$ thin films[J]. Ceram Int, 2014, 40:2281-2286.

[23] Yang C H, Hu G D, Wu W B, et al. Reduced leakage current, enhanced ferroelectric and dielectric properties in (Ce, Fe)-codoped Na$_{0.5}$Bi$_{0.5}$TiO$_3$ film[J]. Appl Phys Lett, 2011, 100:022909.

[24] Ayan S, Ashutosh K S, Debasish S, et al. Three-Dimensional Nanoarchitecture of BiFeO$_3$ Anchored TiO$_2$ Nanotube Arrays for Electrochemical Energy Storage and Solar Energy Conversion[J]. ACS Sustainable Chem Eng, 2015, 3:2254-2263.

[25] Singh S K, Tomy C V, Era T, et al. Improved multiferroic properties in Sm-doped BiFeO$_3$ thin films deposited using chemical solution deposition method[J]. J Appl Phys, 2012, 111:102801.

[26] Kuznetsov M V, Zhuravlev J F, Gubanov V A. XPS analysis of adsorption of oxygen molecules on the surface of Ti and TiNx films in vacuum[J]. J Electron Spectrosc, 1992, 58:169-176.

[27] Tamilselvan A, Balakumar S, Sakar M, et al. Role of oxygen vacancy and Fe-O-Fe bond angle in compositional, magnetic, and dielectric relaxation on Eu-substituted BiFeO$_3$ nanoparticles[J]. Dalton T, 2014, 43:5731-5738.

[28] Ye Z, Tang M H, Zhou Y C, Zheng X J. Modeling of imprint in hysteresis loop of ferroelectric thin films with top and bottom interface layers[J]. Appl Phys Lette, 2007, 90:042902-042902-3.

[29] Wu W B, Wong K H, Pang G K H, Choy C L. Correlation between domain evolution and asymmetric switching in epitaxial Pb(Zr$_{0.52}$Ti$_{0.48}$)O$_3$ thin films[J]. Appl Phys Lette, 2005, 86: 072904-072904-3.

[30] Maruno S, Kuroiwa T, Mikami N, Sato K. Model of leakage characteristics of (Ba,Sr)TiO$_3$ thin films[J]. Appl Phys Lette, 1998, 73:954.

[31] Iakovlev S, Solterbeck C-H, Kuhnke M, Es-Souni M. Multiferroic BiFeO$_3$ thin films processed via chemical solution deposition: Structural and electrical characterization[J]. J Appl Phys, 2005, 97:094901-094901-6.

[32] Yao F Z, Wang K, Jo W, et al. Diffused phase transition boosts thermal stability of high-performance lead-free piezoelectrics[J]. Adv Funct Mater, 2016, 26:1217-1224.

[33] Yang C H, Wang S D, Yang D M. Fabrication and properties of silicon-based (Bi,Sm)$_4$Ti$_3$O$_{12}$ thin film[J]. J Alloy Compd, 2009, 467:434-437.

[34] Li J, Sha N, Zhao Z. Effect of annealing atmosphere on the ferroelectric properties of inkjet printed BiFeO$_3$ thin films[J]. Appl Surf Sci, 2018, 45:233-238.

[35] Wataru S, Asaki I, Makoto M, Toshinobu Y. Electrical and magnetic properties of Mn-doped 0.7BiFeO$_3$-0.3PbTiO$_3$ thin films prepared under various heating atmospheres[J]. Mater Chem Phys, 2009, 116:536-541.

[36] Liu H Y, Wang L X, Zhang F Q, et al. The effect of the annealing atmosphere on the properties of $Sr_2Bi_4Ti_5O_{18}$ ferroelectric thin films[J]. Ceram Int, 2019, 45:18320-18326.

[37] Ling H Q, Li A D, Wu D, et al. Structure and electrical properties of $SrBi_2Ta_2O_9$ thin films annealed in different atmosphere[J]. Mater Lett, 2001, 49:303-307.

[38] Hou F, Shen M R, Cao W W. Ferroelectric properties of neodymium-doped $Bi_4Ti_3O_{12}$ thin films crystallized in different environments[J]. Thin Solid Films, 2005, 471:35-39.

[39] Simões A Z, Riccardi C S, Dos Santos M L, et al. Effect of annealing atmosphere on phase formation and electrical characteristics of bismuth ferrite thin films[J]. Mater Res Bull, 2009, 44:1747-1752.

[40] Wang Z J, Cao M H, Yao Z H, et al. Giant permittivity and low dielectric loss of $SrTiO_3$ ceramics sintered in nitrogen atmosphere[J]. J Eur Ceram Soc, 2014, 34:1755-1760.

[41] Yang C H, Sui H T, Wu H T, et al $Na_{0.5}Bi_{0.5}(Ti_{0.98}Zr_{0.02})O_3$ thin films with improved performance by modifying annealing atmosphere and Zr doping content[J]. J Alloy Compd, 2015, 637:315-320.

[42] Geng F J, Yang C H, Lv P P. Effects of Zn^{2+} doping content on the structure and dielectric tunability of non-stoichiometric $[(Na_{0.7}K_{0.2}Li_{0.1})_{0.45}Bi_{0.55}]TiO_{3+\delta}$ thin film[J]. J Mater Sci-Mater El, 2016, 27:2195-2200.

[43] Xiao X H, Zhu J, Li Y R, et al. Greatly reduced leakage current in $BiFeO_3$ thin film by oxygen ion implantation[J]. J Phys D Appl Phys, 2007, 40:5775-5777.

[44] Do D, Kim J W, Song T K, et al. Effects of transition metal (Ni, Mn, Cu) doping on ferroelectric properties of $Bi_{0.9}Nd_{0.1}FeO_3$ thin films prepared by chemical solution deposition method[J]. J Electroceram, 2013, 30:55-59.

[45] Pabst G W, Martin L W, Chu Y H, Ramesh R. Leakage mechanisms in $BiFeO_3$ thin films[J]. Appl Phys Lett, 2007, 90:1719.

[46] Kuang D H, Tang P, Yang S H, Zhang Y L. Effect of annealing temperatures on the structure and leakage mechanisms of $BiFeO_3$ thin films prepared by the sol-gel method[J]. J Sol-Gel Sci Technol, 2015, 73:410-416.

[47] Koltunowicz T N, Zukowski P, Boiko O, et al. AC hopping Conductance in nanocomposite films with ferromagnetic alloy nanoparticles in a $PbZrTiO_3$ matrix[J]. J Electron Microsc, 2015, 44:2260-2268.

[48] Oleksandr B, Tomasz N K, Pawel Z, et al. The effect of sputtering atmosphere parameters on dielectric properties of the ferromagnetic alloy-ferroelectric ceramics nanocomposite $(FeCoZr)_x(PbZrTiO_3)_{(100-x)}$[J]. Ceram Int, 2017, 43:2511-2516.

[49] Cui L, Hu Y J. Ferroelectric properties of neodymium-doped $Sr_2Bi_4Ti_5O_{18}$ thin film prepared by solgel route[J]. Physica B, 2009, 404:150-153.

[50] Haertling G H. Ferroelectric ceramics: history and technology[J]. J Am Ceram Soc, 1999, 82:797-818.

[51] Guo Y Y, Yan Z B, Zhang N, et al. Ferroelectric aging behaviors of $BaTi_{0.995}Mn_{0.005}O_3$ ceramics:grain size effects[J]. Appl Phys A, 2012, 107:243-248.

[52] Folkman C M, Baek S H, Nelson C T, et al. Study of defect-dipoles in an epitaxial ferroelectric thin film[J]. Appl Phys Lett, 2010, 96:052903.

[53] Cui S G, Hu G D, Wu W B, et al. Aging-Induced Double Ferroelectric Hysteresis Loops and Asymmetric Coercivity in As-Deposited $BiFe_{0.95}Zn_{0.05}O_3$ Thin[J]. J Am Ceram Soc, 2009, 92:1610-1612.

[54] Yang C H, Yao Q, Guo H Y, et al. Abnormal dielectric behavior induced by defect dipoles in aged $Na_{0.5}Bi_{0.5}(Ti,Zr)O_3$ thin film[J]. Mater Lett, 2016, 164:380-383.

[55] Yang C H, Sun J Q, Yi Z D, et al. Comparative study on dielectric behavior in fresh and aged $Na_{0.5}Bi_{0.5}(Ti, Fe, W)O_3$ thin films[J]. Ceram Int, 2017, 43:7690-7694.

[56] Gao W, Xing W Y, Yun Q, et al. The ferroelectric and fatigue behaviors of Dy doped $BiFeO_3$ thin films prepared by chemistry solution deposition [J]. Journal of material Science:Materials in Electronics, 2015, 26(4):2127-2133.

[57] Hu G D, Fan S H, Yang C H, et al. Low leakage current and enhanced ferroelectric properties of Ti and Zn codoped $BifeO_3$ thin film [J]. Applied Physics letters, 2008, 92(19): 192905.

[58] Azough F, Freer R, Thrall M, et al. Microstructure and properties of Co-, Ni-, Zn-, Nb- and W-modified multiferroic $BiFeO_3$ ceramics [J]. Journal of European Ceramics Society, 2010, 30(3):727-736.

[59] Wei J, Xue D S. Effect of non-magnetic doping on leakage and magnetic properties of $BiFeO_3$ thin films [J]. Appl Surf Sci, 2011, 258: 1373-1376.

[60] Lee M H, Park J S, Kim D J, et al. Ferroelectric properties of Mn-doped $BiFeO_3$ thin films [J]. Curr Appl Phys, 2011, 11: S189-S192.

[61] Ren Y J, Zhu X H, Zhang C Y, et al. Saturated hysteresis loops and conduction mechanisms in Mn-doped $BiFeO_3$ thin films derived from sol-gel process [J]. Journal of Materials Science:Materials in Electronics, 2015, 26(3):1719-1726.

[62] Kim J W, Kim S S, Kim H J, et al. Enhancement of ferroelectricity in gadolinium (Gd) and transition metal (Ni, Co, Cr) Co-doped $BiFeO_3$ thin films via a chemical solution deposition technique [J]. Journal of Electroceramics, 2013, 30(1):13-18.

[63] Miura J, Nakajima T, Nagenuma H, et al. Leakage current under high electric fields and magnetic properties in Co and Mn co-substituted $BiFeO_3$ polycrystalline films [J]. Thin Solid Films, 2014, 558:194-199.

[64] Singh S K, Ishiwara H. Room temperature ferroelectric properties of Mn-substituted $BiFeO_3$ thin films deposited

on Pt electrodes using chemical solution deposition [J]. Applied Physics Letters, 2006, 88:262908-262910.

[65] Wen Z, Hu G, Yang C, et al. Effects of annealing process on asymmetric coercivities of Mn-doped BiFeO₃ thin films [J]. Applied Physics A, 2009, 97:937-941.

[66] Bhaskar S, Majumder S B, Fachini E R, et al. Influence of Precursor Solutions on the Ferroelectric Properties of Sol-Gel-Derived Lanthanum-Modified Lead Titanate (PLT) Thin Films[J].Journal of American Ceramic Society, 2004, 87:384-390.

[67] Crassous A, Sluka T, Sandu C S, et al. Thickness Dependence of Domain-Wall Patterns in BiFeO₃Thin Films[J]. Ferroelectrics, 2015, 480:41-48.

[68] Cheng J, Meng X, Tang J, et al. Effects of Individual Layer Thickness on the Structure and Electrical Properties of Sol-Gel-Derived Ba$_{0.8}$Sr$_{0.2}$ TiO₃ Thin Films[J]. Journal of the American Ceramic Society, 2012, 83:2616-2618.

[69] Li J F, Wang J L, Wutting M, et al. Dramatically enhanced polarization in (001), (101), and (111) BiFeO₃ thin films due to epitiaxial-induced transitions[J]. Applied Physics Letters, 2004, 84:5261-5263.

[70] Bai F, Wang J L, Wutting M, et al. Destruction of spin cycloid in (111) C-oriented BiFeO₃ thin films by epitiaxialconstraint: Enhanced polarization and release of latent magnetization[J]. Applied Physics Letters, 2005, 86:032511-1-3.

[71] Reaney I M, Taylor D V, Brooks K G. Ferroelectric PZT Thin Films by Sol-Gel Deposition[J]. Journal of sol-gel science and technology, 1998, 13:813-820.

[72] Hu G D, Fan S H, Yang C H, et al. Low Leakage Current and Enhanced Ferroelectric Properties of Ti and Zn Codoped BiFeO₃ Thin Film[J]. Applied Physics Letters, 2008, 92:192905-192905-3.

[73] Tang X W, Dai J M, Zhu X B, et al. Thickness-Dependent Dielectric, Ferroelectric, and Magneto dielectric Properties of BiFeO₃ Thin Films Derived by Chemical Solution Deposition[J]. Journal of the American Ceramic Society, 2012, 95:538-544.

[74] Yan F X, Zhao G Y, Song N. Sol-gel preparation of La-doped bismuth ferrite thin film and its low-temperature ferromagnetic and ferroelectric properties[J]. Rare earth, 2013, 31(1):60-64.

[75] Li Y, Fan Y, Zhang H, et al. Structural, thermal, and magnetic properties of Cu-doped BiFeO₃ [J]. Journal of Superconductivity and Novel Magnetism, 2014, 27(5):1239-1243.

[76] 姜波. 镧系元素掺杂对 BiFeO₃ 薄膜结构和性能的影响[D]. 济南: 济南大学, 2012.

[77] 王翠娟. B 位异价元素掺杂 BiFeO₃ 薄膜的制备与性能研究[D]. 济南: 山东建筑大学, 2015.

[78] 刘晶晶. BiFeO₃-基薄膜的低温制备及漏电抑制[D]. 济南: 济南大学, 2012.

[79] Hu G D, Cheng X, Wu W B, et al. Effect of Gd substitution on structure and ferroelectric properties of BiFeO₃

thin film prepared using metal organic decomposition[J]. Applied Physics Letters, 2007, 91:232909-1-3.

[80] Chiu F C. A Review on Conduction Mechanisms in Dielectric Films[J]. Advances in Materials Science and Engineering, 2014, http://dx.doi.org/10.1155/2014/578168.

[81] Kawae T, Terauchi Y, Tsuda H, et al. Improved leakage and ferroelectric properties of Mn and Ti codoped $BiFeO_3$ thin films [J]. Applied Physics Letters, 2009, 94:112904-1-3.

[82] 王翠娟, 张丰庆, 郭晓东, 等. 退火温度对 $BiFeO_3$ 薄膜结构和性能的影响[J]. 稀有金属材料与工程, 2015, 44:13-15.

[83] Dai H, Liu D, Chen J, et al. Effect of $BiFeO_3$ doping on the structure, dielectric and electrical properties of $CaCu_3Ti_4O_{12}$ ceramics[J]. Applied Physics A, 2015, 119:233-240.

[84] Kambe K. Hysteresis loops of ceramic barium titanate at higher frequencies[J]. Journal of the Physical Society of Japan, 1953, 8(1):15-20.

[85] Unruh H G. Dielektrische Relaxationen und Kristallwasserhaushalt des Seignettesalzes[J]. Zeitschrift für Physik A Hadrons and Nuclei, 1963, 16(3):315-319.

[86] Hagemann H J. Loss mechanisms and domain stabilisation in doped $BaTiO_3$[J]. Journal of Physics C: Solid State Physics, 1978, 11(15):3333-3339.

[87] Carl K, Hardtl K H. Electrical after-effects in $Pb(Ti,Zr)O_3$ ceramics[J]. Ferroelectrics, 1978, 17(1):413-486.

[88] Zhang L X, Ren X. In-situ observation of reversible domain switching in aged Mn-doped $BaTiO_3$ single crystals[J]. Physics Review B, 2005, 71(17):174108.

[89] Li Y T, Fan Y W, Zhang H G, et al. Structural, thermal, and magnetic properties of Cu-doped $BiFeO_3$ [J]. Journal of Superconductivity and Novel Magnetism, 2014, 27(5):1239-1243.

[90] Cheng L, Hu G, Jiang B, et al. Enhanced piezoelectric properties of epitaxial W-doped $BiFeO_3$ thin films [J]. Applied Physics A, 2010, 3:101501-3.

第4章　双层复合薄膜的性能研究

4.1　SBT过渡层厚度对BFO/SBT双层复合薄膜性能的影响

BFO薄膜高的漏电流严重制约其实际应用，有文献报道，与绝缘性良好的铁电材料形成一种双层结构，可以有效降低薄膜的漏电流[1-3]。很多课题组的研究中过渡层的厚度较厚，过渡层厚度越厚，施加到上层薄膜的有效电场会减小，上层的薄膜受基体的应变及束缚变弱，相应在性能上的表现也会有差别。因此合适的过渡层厚度是很重要的。前期对5层SBT[4]进行大量研究发现其具有小漏电流的特性，故本节考虑以SBT为过渡层，制备4个不同厚度的过渡层（0nm、40nm、80nm、120nm）与BFO构筑双层结构（分别定义为BS0、BS40、BS80、BS120），以此来降低漏电流。

4.1.1　结构分析

图4.1是BFO/SBT双层复合薄膜的XRD衍射图谱，SBT过渡层的厚度分别是0nm、40nm、80nm、120 nm。由于过渡层和薄膜层的晶格失配度对双层复合结构影响较大，因此首先对SBT和BFO进行晶格失配分析。晶格失配度的计算公式[5]如下：

$$S = \frac{a_f - a_s}{a_f} \tag{4.1}$$

式中，S为两种材料的晶格失配度；a_f为上层薄膜的晶格常数；a_s为衬底的晶格常数。式（4.1）中晶格常数a的确切含义如表4.1所示。当$S<5\%$时，两种材料称为完全共格；当$S=5\%\sim25\%$时，两种材料称为半共格；当$S>25\%$时，两种材料称为完全不共格。由标准卡片可知，Pt(fcc)的晶格常数$a=0.3923$nm，SBT

薄膜（JCPDS:14-0276）的晶格常数 a=0.3860nm，BFO 薄膜（JCPDS:86-1518）的晶格常数 a=0.5578nm。由此可知，BFO 和 SBT 的晶格常数不同导致晶格失配进而导致了薄膜的应变[6]。

从图 4.1（a）中可以看出，所有样品结晶良好，都生成了纯钙钛矿结构，没有杂质相的生成，并且图中两者的衍射峰均有体现，由此说明 SBT 和 BFO 两者结构保留完好。图 4.1（b）显示（012）峰随着 SBT 过渡层的引入往小角度方向偏移，这有可能是过渡层和薄膜层的晶格失配以及两者界面之间和薄膜内的应力导致的[7]。此外，我们拟合了所有样本的晶格常数，如图 4.1（c）所示，从图中可以看出，随着过渡层厚度的增加，晶胞体积减小与图 4.1（b）对应。双层结构示意图如图 4.1（d）所示。

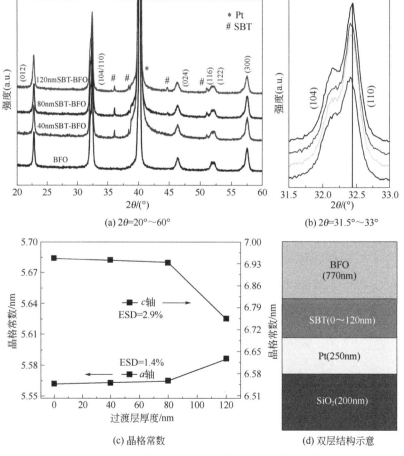

图 4.1　BFO/SBT 双层复合薄膜 XRD 衍射图谱

表 4.1 式 (4.1) 中晶格常数 *a* 的确切含义

过渡层厚度/nm	0	40	80	120
a_f	a_{BFO}	a_{BFO}	a_{BFO}	a_{BFO}
a_s	a_{Pt}	a_{SBT}	a_{SBT}	a_{SBT}
$S/\%$	29.67	30.80	30.80	30.80

4.1.2 SEM 分析

图 4.2 (a) ～图 4.2 (d) 和图 4.3 (a) ～图 4.3 (d) 分别是 BFO/SBT 双层复合薄膜的截面图和表面扫描电镜照片。由图 4.2 (a) ～图 4.2 (d) 可以看出,SBT 层和 BFO 层分界线明显,SBT 过渡层厚度分别为 0nm、40nm、80nm、120nm,BFO 薄膜层的厚度均约为 770nm。从断面图中可以看出,薄膜比较致密。从图 4.2 (b) 可以看出,SBT 和 BFO 之间的分界线不清楚,这可能是因为:当过渡层为 40nm 时,厚度太薄不在仪器测试误差范围内;在制备测试样品时衬底发生偏移,从而覆盖过渡层。

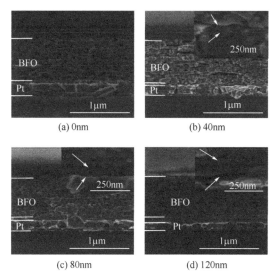

图 4.2 BFO/SBT 双层复合薄膜的截面图

利用 Nano Measurer 软件对不同样品表面随机采样,进行统计,利用高斯拟合,得粒度分析柱状图。由图 4.3 插图可知,四个样品的平均晶粒尺寸分别约为 106.7nm、129.8nm、79.8nm 和 84.2nm。从图 4.3 可以看出,BFO/SBT 双层复合薄膜表面的针孔状缺陷明显少于单层 BFO 薄膜,BFO/SBT 双层复合薄膜更加平滑致密；随着 SBT 过渡层厚度的增加，BFO 薄膜层的晶粒尺寸先增加后减小，晶粒更加均匀；BS80 样品晶粒尺寸最小并且最为均匀，薄膜表面更加致密。由此说明，过渡层的加入在一定程度上改善了 BFO/SBT 双层复合薄膜的结晶性能，这有可能是 SBT 薄膜本身晶粒尺寸较小以及薄膜较为致密的原因[8]。

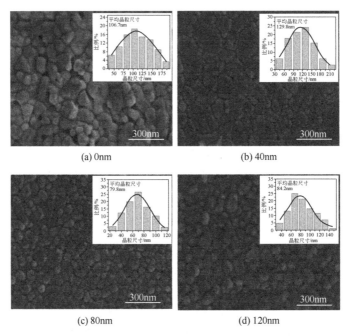

(a) 0nm   (b) 40nm

(c) 80nm   (d) 120nm

图 4.3　BFO/SBT 双层复合薄膜的表面图

4.1.3　XPS 分析

为了确定双层复合薄膜价态的变化以及氧空位对双层复合薄膜性能的影响，测量了不同厚度过渡层的样品的 XPS 能谱。不同厚度过渡层样品刻蚀前的 O 1s 轨道 XPS 拟合图如图 4.4（a）～图 4.4（d）所示。从图中可以看出，出现了 529eV 和 531eV 两个结合能值。由 XPS 结合能对比表可知，Bi_2O_3 的结合能为 529.8eV。因此，图 4.4 中结合能较低的峰为样品中的晶格氧[8]，对于结合能为 531eV 附近的峰的判定较为复杂。为了确定结合能为 531eV 附近的谱峰，进一步拟合刻蚀时间为 16min 的 O 1s 轨道的 XPS 能谱，如图 4.5（a）～图 4.5（d）所示。由图 4.4 和图 4.5 可知，结合能为 531 eV 附近的谱峰只存在于样品的表面，因此有可能是吸附氧，OH^{-1} 中的氧[9]，金属/O$_2$ 化学吸附产生的[10]、金属氧化物中的氧或者氧空位[11]。综合考虑 Bi$_2$O$_3$ 结合能以及 OH^{-1} 的结合能，本书认为表面的 O 1s 主要是以吸附氧和金属氧化物形式存在[12]。

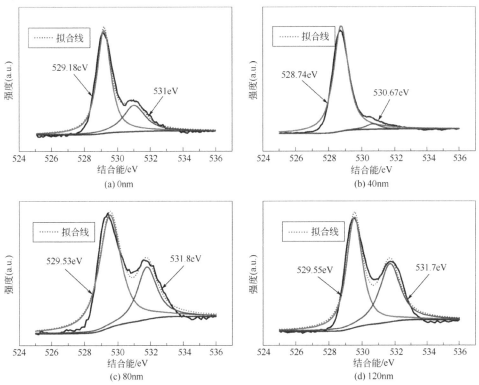

图 4.4　BFO/SBT 双层复合薄膜刻蚀前 O 1s 轨道 XPS 拟合图

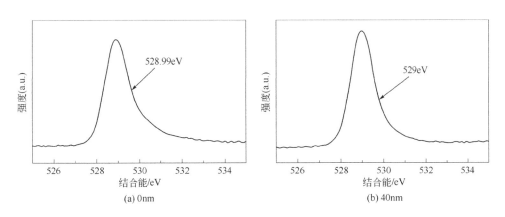

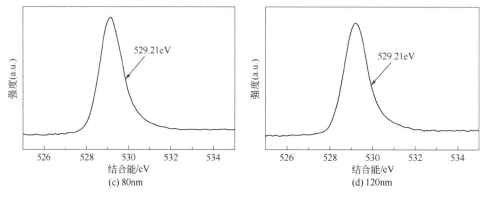

图 4.5　BFO/SBT 双层复合薄膜刻蚀 16min O 1s 轨道 XPS 谱图

BFO 中漏电流主要是由 Fe^{3+} 的变价引起的[13]，因此对不同过渡层厚度样品 Fe $2p_{3/2}$ 峰进行拟合，如图 4.6（a）～图 4.6（d）所示。拟合后发现所有样品中铁元素的化合态均由 Fe^{3+} 和 Fe^{2+} 组成。从图中可以看出，BS0、BS40、BS80、BS120 样品 Fe^{3+} 和 Fe^{2+} 相对含量的比值分别为 3.28、4.57、4.61、4.30。可以明显看出，加入过渡层的薄膜样品的 Fe^{3+} 浓度高于不加入过渡层的薄膜样品，并且 BS80 样品内的 Fe^{3+} 相对含量最高。缺陷方程[14]如下：

$$Fe^{3+}+O^{2-} \longrightarrow 2Fe^{2+}+V_O^{2-}+1/2O_2 \qquad (4.2)$$

由缺陷方程可知，Fe^{3+} 的浓度和氧空位浓度成反比，因此加入适当厚度的 SBT 过渡层可以在一定程度上降低双层复合薄膜样品内的氧空位。BS80 样品内氧空位相对含量较低。

图 4.7 是 BS80 样品的 XPS 元素深度剖析图，从图中可以看出薄膜中各元素含量随深度的变化。从图中可以看出 4 个区域：表面区、BFO 薄膜区、SBT 过渡层区、Pt 衬底层区。在 BFO 薄膜和 SBT 之间以及 SBT 和 Pt 衬底之间都存在界面区。表面区 Bi、O、Pt 和 Sr 元素含量较高，主要的原因可能是：①Bi 元素在高温下易挥发[6]；②表面吸附氧的存在；③测试铁电性能时表面喷 Pt；④与 SBT 过渡层中部分 Sr 在 BFO 表面的偏析有关[12]。在 BFO 薄膜区各种元素含量随着刻蚀时间的延长保持稳定，这说明薄膜包含的各种元素分布均匀。由于刻蚀工艺的原因，无法研究 Ti、Sr 在衬底中的迁移。但是在 BFO 薄膜中观察到 SBT 过渡层中 Ti 离子的迁移，并且迁移至表面，其他学者在 $Y(Ni_{0.5}Mn_{0.5})O_3/SrTiO_3$[15]结构中也观察到类似现象。

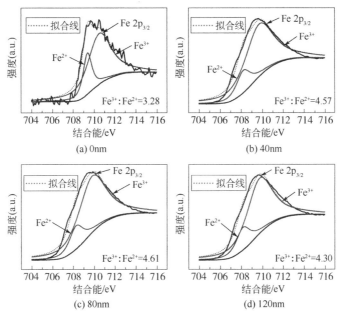

图 4.6　BFO/SBT 双层复合薄膜 Fe $2p_{3/2}$ 轨道 XPS 谱图

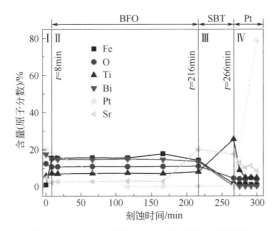

图 4.7　BS80 样品 XPS 元素深度剖析图

4.1.4　铁电性能分析

图 4.8 为不同过渡层厚度 BFO/SBT 双层复合薄膜电滞回线图,测试频率为 1kHz。从图中可以看出随着测试电场的增加,样品的剩余极化强度增大,这主要是因为氧空位会导致复合缺陷对的产生,低电场下复合缺陷对抑制铁电畴的翻转;而在高电场下,复合缺陷对被打开,对铁电畴翻转的抑制作用减小,铁电

畴能更好地翻转，从而具有较大的剩余极化强度[16,17]。当测试电场为 1200kV/cm 时，BS0、BS40、BS80、BS120 样品的剩余极化强度 $2P_r$ 分别为 106μC/cm^2、147μC/cm^2、151μC/cm^2 和 79μC/cm^2，对应的矫顽场强分别为 1100kV/cm、1000kV/cm、900kV/cm 和 1000kV/cm。随着过渡层厚度的增加，双层复合薄膜的剩余极化值先增大后减小，说明加入适当厚度的 SBT 过渡层能够改善复合薄膜的铁电性，BS80 薄膜样品具有最大的剩余极化强度，较小的矫顽场强。可能的原因分析如下：①SBT 由于本身具有漏电流低的特性，在双层复合薄膜中充当绝缘体的角色，提高了双层复合薄膜的电阻率，因此可以提高剩余极化强度[18,19]。②薄膜结晶越好，薄膜越致密，薄膜中的缺陷对相对越小，样品的剩余极化强度就越大。③由 XRD 分析可知，SBT 过渡层和 BFO 薄膜层之间的晶格失配产生应力，在一定程度上影响双层复合薄膜的剩余极化强度[20]。④从 XPS 分析可知，过渡层厚度为 80nm 时，样品内的氧空位浓度较低，氧空位的减少也会使得铁电性能变好。⑤随着 SBT 过渡层厚度的增加，双层复合薄膜的剩余极化强度又降低，有可能是因为 SBT 本身的剩余极化强度太低，加入过渡层会"稀释"整个双层复合薄膜的剩余极化强度，因此随着过渡层厚度的增加，这种效应也会增强，导致剩余极化强度降低[21,22]。⑥随着过渡层厚度的增加，作用于 BFO 的有效电场降低，对双层复合薄膜的性能产生一定影响。

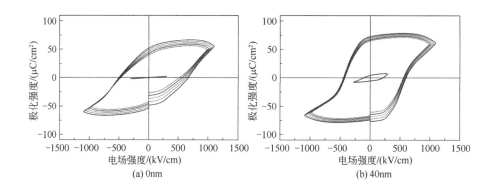

(a) 0nm   (b) 40nm

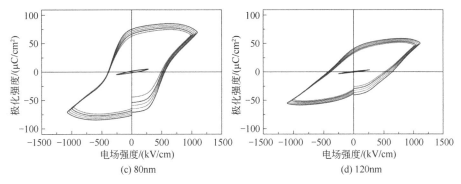

图 4.8 不同过渡层厚度 BFO/SBT 双层复合薄膜电滞回线图

4.1.5 漏电性能分析

图 4.9 是不同过渡层厚度 BFO/SBT 双层复合薄膜漏电流密度曲线（J-E 曲线）图。从图中可以看出，所有样品的 J-E 曲线正负电场对称性较好，漏电流密度随着测试电场的增加而增加。随着过渡层厚度的增加，双层复合薄膜的漏电流密度先减小后增大。BS80 样品漏电流密度最小，测试电场为 350kV/cm 时，漏电流密度为 5.21×10^{-5}A/cm²。可能的原因如下：①绝缘性较好的 SBT 位于 BFO 和 Pt 衬底之间并且由于$(Bi_2O_2)^{2+}$的存在，因此起到了良好的绝缘体的作用，补偿电极附近的空间电荷，从而降低双层复合薄膜漏电流密度[23]。②SBT 和 BFO 具有不同的功函数，两者之间的界面上可能建立了一个势垒，因此阻挡了载流子的传导，从而降低了双层复合薄膜的漏电流密度[24]。③晶粒较小的薄膜样品中的氧空位更容易被钉扎，因此能够降低漏电流；而晶粒小的样品，晶界比例增加，漏电流通道延长从而也会降低漏电流[25]。④双层复合薄膜中氧空位浓度随着过渡层厚度的增加先减小后增大也会导致漏电流密度先增大后减小。

漏电机制的研究对减小漏电流具有非常重要意义。主要通过分析 lg$J$ 和 lg$E$ 关系图确定双层复合薄膜的漏电流机制。如图 4.10 所示，不同的斜率代表不同的漏电机制。从图中可以看出，在低电场下（E<100kV/cm），BS0、BS40、BS80、BS120 样品的 α 值分别是 1.2、1.1、1.0、1.0，因此在低电场下所有薄膜样品的漏电机制主要为欧姆传导（$\alpha \approx 1$）[26]，可能是由电子的热发射[27]、自由电子和

空穴引起的。随着电场强度的增加，BS80 样品 α 值增加为 2.0，这表明 α 值符合蔡尔德定律（$\alpha>1$），主要漏电机制为 SCLC（$\alpha\approx2$）[28]。但在其他样品中并没有观察到 SCLC 漏电机制。SCLC 机制主要与薄膜内陷阱被注入的载流子的数量有关[29]，当注入载流子数量足够多时，将会引起薄膜电导率的增加，此时就会观察到 SCLC 漏电机制。测试电场强度进一步增加，BS0、BS40、BS80、BS120 样品的 α 值分别增加为 2.8/5.3、3.1/4.6、4.7、4.0/5.6，这说明在高电场下薄膜样品中存在另外的漏电机制，这有可能是载流子已经将陷阱填满所致[6]，进一步进行讨论。

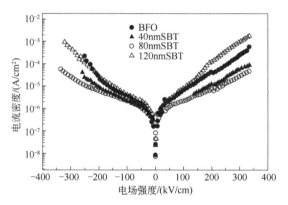

图 4.9　不同过渡层厚度 BFO/SBT 双层复合薄膜
漏电流密度曲线（J-E 曲线）图

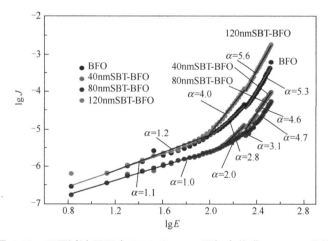

图 4.10　不同过渡层厚度 BFO/SBT 双层复合薄膜 lg$J$-lg$E$ 曲线

P-F 发射机制是指当外电场的强度很强时，复合缺陷会经过热激发从缺陷中心激发至导带而参与导电的一种现象，而 Schottky 发射机制就是当 Schottky 势垒被外加电场削弱时，电子可以摆脱 Schottky 势垒而发射的一种现象。这两种漏电机制可以用以下两个方程式来描述[30]：

$$J_S = AT^2 e^{-\frac{\varphi - \sqrt{q^3 E/(4\pi\varepsilon_0 K)}}{k_B T}} \qquad (4.3)$$

$$J_{PF} = BE e^{-\frac{E_I - \sqrt{q^3 E/(\pi\varepsilon_0 K)}}{k_B T}} \qquad (4.4)$$

式中，K 为光学介电常数；A、B 为常数；φ、E、E_I 为肖特基势垒的高度、电场强度、陷阱的电离能；T 为热力学温度（室温即 $T=298K$）；ε_0 为真空介电常数，$\varepsilon_0=8.85\times10^{-12}F/m$；$k_B$ 为玻尔兹曼常数，$k_B=1.3806505\times10^{-23}J/K$；$q$ 为电子电荷量，$q=1.6021892\times10^{-19}C$。

根据式（4.3）、式（4.4）绘制了 $\ln(J/T^2)\text{-}E^{1/2}$ 和 $\ln(J/E)\text{-}E^{1/2}$ 曲线图，如图 4.11（a）、图 4.11（b）所示。由上述两个公式可知，K 值可由 α 值推算得出，α 值可从图 4.10（a）、图 4.10（b）查看。根据 BFO 的折射率 $n=2.5$ 可知，$K=n^2=6.25$[31]，图 4.11（a）、图 4.11（b）中所有 K 值与理论 K 值相差较大，因此高电场下，薄膜样品的漏电机制都不属于上述两者。除此之外，F-N 隧穿效应也是容易存在于高电场强度下的一种漏电机制。其方程式为[32]：

$$J_{FN} = CE^2 e^{-\frac{D^2\sqrt{\varphi_i^3}}{E}} \qquad (4.5)$$

式中，C，D 为常数；φ_i 为势垒高度。

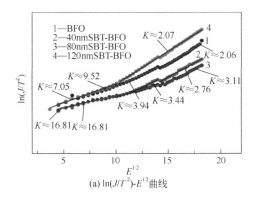

(a) $\ln(J/T^2)\text{-}E^{1/2}$曲线

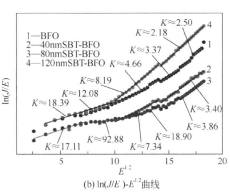

(b) $\ln(J/E)\text{-}E^{1/2}$曲线

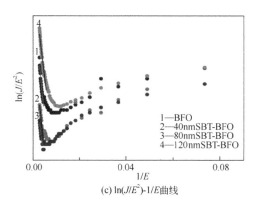

(c) ln(J/E^2)-1/E曲线

图4.11　不同过渡层厚度双复合薄膜的曲线

根据式（4.5），作出 ln(J/E^2) 和 1/E 关系图，观察 ln(J/E^2) 和 1/E 是否具有良好的线性关系从而判断是否属于 F-N 隧穿效应。图 4.11（c）是不同厚度过渡层复合薄膜的 ln(J/E^2) 和 1/E 关系图。从图中可以看出，所有的薄膜样品 ln(J/E^2) 和 1/E 都具有较好的线性关系。因此在高电场下，BS0、BS40、BS80、BS120 薄膜的漏电机制主要是 F-N 隧穿效应。由此说明在低电场下薄膜主要是体限制传导，而在高电场下主要是界面限制传导。

4.1.6　介电性能分析

图4.12为不同过渡层厚度双层复合薄膜的介电常数和介电损耗随着频率的变化曲线。由图可以看出，随着测试频率的增加，样品的介频稳定性较好。测试频率为 10^5Hz 时，介电损耗分别为 0.049、0.025、0.024、0.45，介电常数分别为 90.9、115、121、123。BS80 样品具有最低的介电损耗。这表明该薄膜具有最少量的电荷缺陷和较低的电导率[32]。从图中可以看出，随着过渡层的增加介电常数增加，这与文献报道相吻合[20,33]。可能的原因：①有效介电常数随着薄膜厚度的增加而增加[20,34]。②相邻层中最近邻偶极子不存在强制场，使得边缘位置的局部介电常数有所降低，因此在较薄样品结构中有效介电常数更小[34]。③不同厚度的 SBT 过渡层的电导率不同也会引起样品介电常数的不同[35]。④引入 SBT 过渡层，有可能缓解了基底与薄膜层界面处的电荷积累。

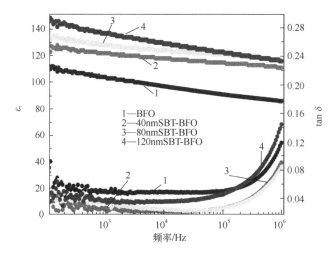

图 4.12　不同过渡层厚度双层复合薄膜的介电常数和介电损耗随频率变化曲线

4.2　SBT 过渡层厚度对 BFMO/SBT 双层复合薄膜性能的影响

漏电流密度较大成为制约 BFO 薄膜应用的重要原因。研究者对 BFO 薄膜进行了大量的研究以提高其性能，包含掺杂，与其他结构相似、性能互补的钙钛矿材料形成固溶体，与漏电流小的铁电材料形成双层或者多层结构等方法都被证明可以改善 BFO 薄膜的某些方面的性能。其中掺杂改性是一种有效降低漏电流的方法。Wang 等[36]报道了一个重要的结果，(La, Mn)共取代 BFO 薄膜显示了 $101\mu C/cm^2$ 的大剩余极化强度和 $5emu/cm^3$ 饱和磁化强度。此外，研究探讨发现，适量 Mn 掺杂可以改善薄膜的电学性能[37]。

本节在 4.1 节讨论 BFO/SBT 基础上，采用溶胶-凝胶法，选择 Mn 元素对 BFO 薄膜进行掺杂，结合 Mn 掺杂和形成双层结构两种方法，制备 $BiFe_{0.98}Mn_{0.02}O_3/Sr_2Bi_4Ti_5O_{18}$(BFMO/SBT)双层复合薄膜，制备四个不同厚度的过渡层（0nm、40nm、80nm、120nm），与 BFMO 构筑双层结构（分别定义为 BMS0、BMS40、BMS80、BMS120）以此进一步降低漏电流，增强磁性能。

4.2.1　结构分析

图 4.13 是 BFMO/SBT 双层复合薄膜的 XRD 图谱，SBT 过渡层的厚度分别

是 0nm、40nm、80nm、120nm。从图 4.13（a）中可以看出所有样品结晶良好，都生成了纯钙钛矿结构，没有杂质相的生成。并且图中两者的衍射峰均有体现，由此说明 SBT 和 BFO 两者结构保留完好，分别与 JCPDS:14-0276 和 JCPDS:86-1518 PDF 标准卡片对应良好，图 4.13 中 SBT 的衍射峰较弱，这可能是由于上层 BFMO 层较厚掩盖了衍射信号。图 4.13（b）显示（110）峰随着 SBT 过渡层的引入往大角度方向偏移，说明 BFMO/SBT 双层复合薄膜中有可能存在晶格畸变或结构转变。为了进一步研究 BFMO/SBT 双层复合薄膜结构的变化，使用 Rietveld 方法对样品进行结构细化，结果如图 4.14 和表 4.2 所示。从表 4.2 中可以看出，BFMO 主要由 R3c 和 Pnma 两相混合组成，BFMO 薄膜中 R3c 相比例随着过渡层厚度的增加而减少。BFMO/SBT 双层复合薄膜中 BFMO 薄膜相组成比例的变化可能是 SBT 过渡层厚度变化引起的内应力造成的[38]。双层薄膜样品的晶格常数均略大于标准卡片中的晶格常数 5.577Å。可能的原因是：SBT 过渡层晶格常数小于 BFMO 的晶格常数，BFMO 层面外方向受到拉应力，因此晶格常数减小[17]。此外晶格失配也会导致界面处产生应力，由晶格失配度计算式（4.1）计算晶格失配，计算结果如表 4.3 所示。由表 4.3 可知，BFMO 薄膜与 Pt 衬底和 SBT 过渡层之间处于完全失配状态。在 Wilson[39] 公式的基础上，微应变的公式为：

$$\varepsilon = \frac{\beta}{4\tan\theta} \tag{4.6}$$

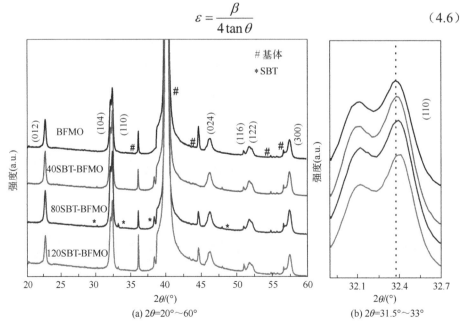

(a) $2\theta=20°\sim60°$ (b) $2\theta=31.5°\sim33°$

图 4.13　BFMO/SBT 双层复合薄膜 XRD 图谱

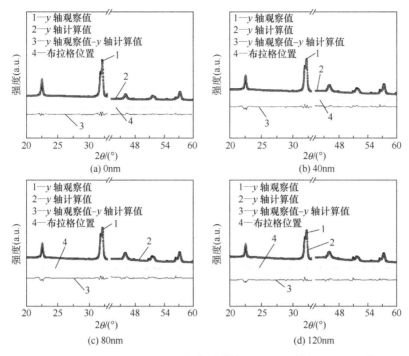

图 4.14　BFMO/SBT 双层复合薄膜的 Rietveld 精修 XRD 图谱

式中，β 为半峰宽；θ 为衍射峰位置。BMS0、BMS40、BMS80、BMS120 样品微应变计算结果分别是 0.0057、0.0056、0.0058、0.0062。结果表明，随着过渡层厚度增加微应变变大，这与薄膜的结晶、失配度等都有密切关系[40]。

表 4.2　BFMO/SBT 双层复合薄膜的 Rietveld 精修结果

参数		BFMO		40SBT-BFMO		80SBT-BFMO		120SBT-BFMO	
相		R3c	Pnma	R3c	Pnma	R3c	Pnma	R3c	Pnma
分数/%		77.86	22.14	74.82	25.18	73.53	26.47	71.30	28.70
晶胞参数	a/Å	5.5792	5.6154	5.5794	5.6134	5.5798	5.6155	5.5806	5.6136
	b/Å	5.5792	15.7136	5.5794	15.7183	5.5798	15.7169	5.5806	15.7138
	c/Å	12.8266	11.1055	13.8245	11.1184	13.8280	11.1167	13.8289	11.1153
方差因子		7.91		9.51		9.15		9.47	
加权图形剩余方差因子		8.35		9.68		9.41		8.86	
期望方差因子		1.14		1.11		1.10		1.10	

表 4.3   晶格失配计算结果

过渡层厚度/nm	0	40	80	120
a_f	a_{BFO}	a_{BFO}	a_{BFO}	a_{BFO}
a_s	a_{Pt}	a_{SBT}	a_{SBT}	a_{SBT}
$S/\%$	29.67	30.80	30.80	30.80

4.2.2　SEM 分析

图 4.15（a）～图 4.15（d）为 BFMO/SBT 双层复合薄膜的截面图。可以看出，SBT 层和 BFMO 层分界线明显，SBT 过渡层厚度为 0nm、40nm、80nm、120nm，BFMO 薄膜层的厚度均约为 770nm。图 4.16（a）～图 4.16（d）为 BFMO/SBT 双层复合薄膜的表面图。从图中可以看出，BFMO 薄膜表面随着过渡层的加入，气孔减少更加光滑致密，BMS40 样品表面最为光滑致密。由插图可知，四个样品的平均晶粒尺寸分别约为 61.0nm、64.9nm、66.6nm 和 69.9nm。BFMO 薄膜的晶粒尺寸随着 SBT 过渡层厚度的增加而增加。由此说明，过渡层的加入在一定程度上改善了 BFMO 薄膜的结晶性。

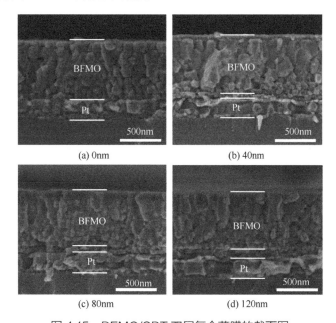

(a) 0nm　　　　　　　　　　　(b) 40nm

(c) 80nm　　　　　　　　　　　(d) 120nm

图 4.15　BFMO/SBT 双层复合薄膜的截面图

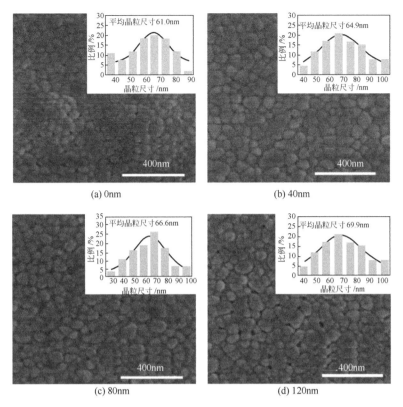

图 4.16　BFMO/SBT 双层复合薄膜的表面图

4.2.3　XPS 分析

为了探究复合薄膜纵向成分变化，对 BMS40 样品进行 XPS 深度剖析，如图 4.17 所示。从图中我们可以很明显观察到四个成分区域：表面层、BFMO 薄膜层、SBT 过渡层和 Pt 衬底层。表面层 Bi、O、Sr 和 Pt 元素含量比较高。可能的原因是：①因为铋的强挥发性，内部的铋原子挥发至薄膜表面，导致大量的铋原子在表面聚集，形成一个富铋的表面层[6,41]；②表面吸附氧；③Sr 元素在表面富集，这可能与 Sr 元素偏析有关[42]；④测试铁电性能制备上电极，表面喷铂金。BFMO 薄膜层和 SBT 过渡层各组分元素含量稳定，分布均匀。

对所有样品各元素进行 XPS 能谱测量以进一步了解 BFMO/SBT 双层复合薄膜中各元素价态变化。图 4.18（a）～图 4.18（d）为样品 O 1s 轨道 XPS 拟合图。图中 O 1s 峰均由两个峰组成，分别约为 529eV 和 531eV。由 XPS 结合能对比表可知，Bi_2O_3 的结合能为 529.8eV。因此，图 4.18 中结合能较低的峰为样品中的晶格氧[43]，结合能较高的峰一般是以吸附氧[9]和氧空位[10,44]的形式存在。从图中可以看出，BMS40 样品表面吸附氧和氧空位含量较低。

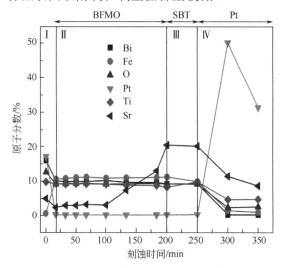

图 4.17　BMS40 样品 XPS 元素深度剖析图

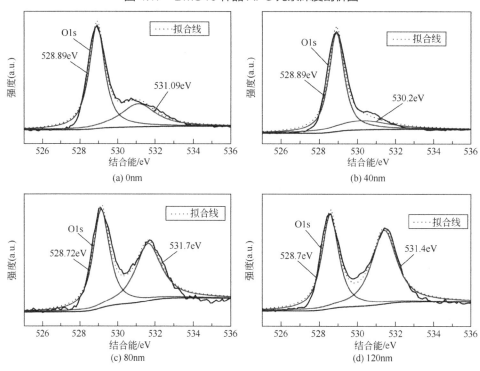

图 4.18　BFMO/SBT 双层复合薄膜 O 1s 轨道 XPS 拟合图

图 4.19（a）～图 4.19（d）为 BFMO/SBT 双层复合薄膜 Bi 4f 的 XPS 高分辨谱图。图 4.19 显示所有的 Bi 4f 峰由 Bi $4f_{7/2}$ 和 Bi $4f_{5/2}$ 自旋轨道双峰组成，所有样品的自旋轨道劈裂能 ΔE=5.3eV，与元素结合能数据库对比发现与 Bi_2O_3 [ΔE=（5.3±0.1）eV] 的自旋轨道劈裂能一致，说明 Bi 元素是以氧化物的形式存在[44,45]，没有金属铋的痕迹[44,46]。

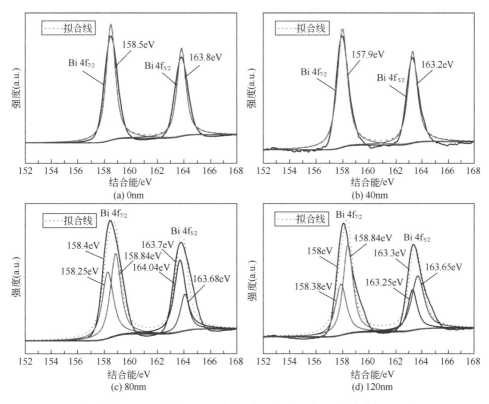

图 4.19 BFMO/SBT 双层复合薄膜 Bi 4f 的 XPS 高分辨谱图

通常情况下，氧空位浓度的高低直接影响 BFMO 薄膜中 Fe^{3+} 的化合价变化，而氧空位浓度直接影响薄膜漏电流的大小，因此对不同过渡层厚度样品 Fe $2p_{3/2}$ 峰进行拟合如图 4.20（a）～图 4.20（d）。拟合结果显示，Fe $2p_{3/2}$ 峰由 Fe^{3+} 和 Fe^{2+} 组成，而根据缺陷方程 [式（4.2）][14] 可知，Fe^{2+} 的浓度和氧空位浓度成正比。从图中可以看出，BMS0、BMS40、BMS80、BMS120 样品中 Fe^{3+} 和 Fe^{2+} 的比值分别为 3.1、3.8、3.4、2.6。结果表明，加入适当厚度的过渡层会降低 Fe^{2+} 浓度，并且 BMS40 样品内的 Fe^{2+} 相对含量最少，说明该样品内氧空位浓度最低。因此加入适当厚度的 SBT 过渡层可以在一定程度上降低双层复合薄膜样品内的氧空位。

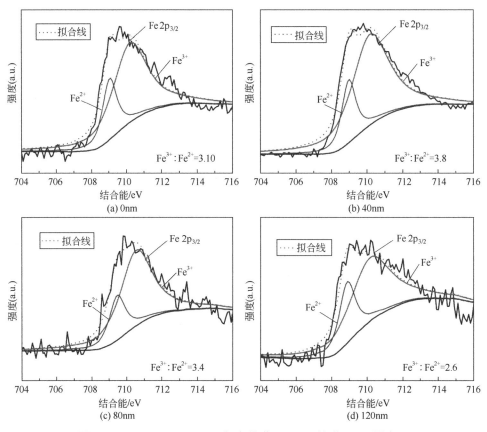

图 4.20　BFMO/SBT 双层复合薄膜 Fe 2p$_{3/2}$ 轨道 XPS 拟合图

4.2.4　PFM 分析

利用谐振模式下的压电响应显微镜（PFM）可以研究 BFMO/SBT 双层复合薄膜的铁电性能和压电性能，如图 4.21 所示。测试过程中，在 5μm×5μm 中心位置取 3μm×3μm 施加+10V 直流电压，取 1μm×1μm 施加−10V 直流电压。图 4.21（a）～图 4.21（d）为 BFMO/SBT 双层复合薄膜平面外 PFM 相位图，可以观察到与向下和向上极化对应的明显明暗对比，在微观尺度上表现出优异的铁电开关行为[47]。未施加电压的区域呈现明暗相间的畴结构，这表明薄膜的自极化至少存在两个方向[48]，并且没有明显的自极化。另外还有部分电畴并没有完全反转，生长在 Pt 衬底和 SBT 过渡层上的 BFMO 薄膜为多畴结构，这有可能是因为±10V 不足以使所有电畴发生完全翻转。图 4.21（e）~图 4.21（h）测试了所有样品的单点相位回线和振幅蝴蝶曲线。PFM 相位变化 180°的方形回线和典型的蝶形压电振幅表明了所有样品具有铁电开关特性。BMS40 样品发生 180°相位反转回线矩形度较好，由此说明铁电翻转更快更彻底，并且获得了较大的 d_{33}（约 121pm/V）。SBT 与 BFMO 都具有钙钛矿结构，可以形成良好的耦合效果，这有利于获得高压电性能[49]；应力状态下，在 BFMO 薄膜中存在极化矢量可以在其单斜面内自由转动的低对称相降低了 BFMO 内相变势垒，有利于压电性能[50]。随着过渡层厚度的增加 d_{33} 减小，可能的原因是随着氧空位的增加薄膜的压电性能降低[51]，而且 SBT 自身压电性能较弱，对双层复合薄膜的压电性能增强效果有一定局限性。

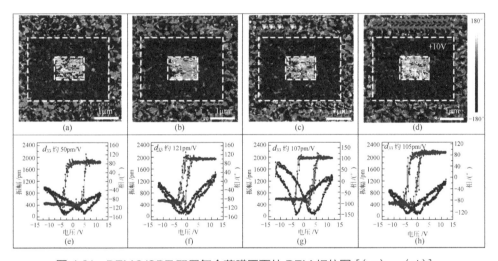

图 4.21　BFMO/SBT 双层复合薄膜平面外 PFM 相位图 [（a）~（d）]、
单点相位回线和振幅蝴蝶曲线 [（e）~（h）]

4.2.5　漏电性能分析

图 4.22 是不同过渡层厚度 BFO/SBT 双层复合薄膜漏电流密度曲线（J-E 曲线）。从图中可以看出，随着过渡层厚度的增加，双层复合薄膜的漏电流密度先

减小后增加。测试电场为 350kV/cm 时，BMS40 样品漏电流密度最小，漏电流密度为 $5.21 \times 10^{-5} A/cm^2$。可能的原因如下：①漏电流大小与氧空位浓度（$Fe^{2+}$）有直接关系[52,53]，由 XPS 分析可知 BS40 样品中 Fe^{2+} 浓度最小，因此氧空位浓度最小，漏电流密度最小。②小晶粒样品中，氧空位易被钉扎，因此漏电流会降低[25]。③SBT 中含有 Bi_2O_3 层，有良好的绝缘性，并且位于 BFO 和 Pt 衬底之间，阻挡了载流子的传导从而降低了双层复合薄膜漏电流密度[23]。④在界面处可能产生极化电荷，从而形成内部弱电场，电场方向与外加电场相反，因此抑制有效外电场，减小漏电流[54]。随着过渡层厚度的增加漏电流增大的原因可能是：随着过渡层厚度的增加氧空位浓度增大。此外，从图 4.16 可以看出，随着过渡层厚度的增加，薄膜样品表面致密度下降，针孔状缺陷增多，缺陷微结构可以形成漏电通道[55,56]，因此漏电流增大。

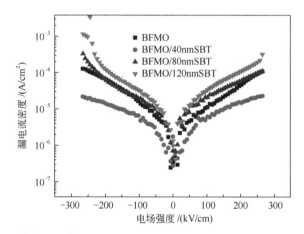

图 4.22 不同过渡层厚度 BFO/SBT 双层复合薄膜漏电流密度曲线（J-E 曲线）

为了了解漏电流产生的原因，对所有样品的漏电机制进行了讨论。各个漏电机制公式如表 4.4 所示。

表 4.4 漏电机制公式

传导机制	表达	线性依赖	条件
Schottky（肖特基）发射	$$J_S = AT^2 e^{\frac{\varphi - \sqrt{q^3 E /(4\pi\varepsilon_0 K)}}{k_B T}} \quad (4.3)$$ K 代表光学介电常数；A、B 是两个常数；φ、E 和 E_1 分别为肖特基势垒的高度、电场强度和陷阱的电离能；T=298K；ε_0=8.85×10^{-12}F/m；k_B=1.3806505×10^{-23}J/K；q=1.6021892×10^{-19}C	$\ln(J/T^2)$-$E^{1/2}$	n=2.5 K=n^2=6.25

传导机制	表达	线性依赖	条件
Poole-Frenkel（P-F）发射	$J_{PF}=BE\mathrm{e}^{\frac{E_1-\sqrt{q^3E/(\pi\varepsilon_0K)}}{k_BT}}$　(4.4) K 代表光学介电常数；A、B 是两个常数；φ、E 和 E_1 分别为肖特基势垒的高度、电场强度和陷阱的电离能；$T=298\mathrm{K}$；$\varepsilon_0=8.85\times10^{-12}\mathrm{F/m}$；$k_B=1.3806505\times10^{-23}\mathrm{J/K}$；$q=1.6021892\times10^{-19}\mathrm{C}$	$\ln(J/E)\text{-}E^{1/2}$	$n=2.5$ $K=n^2=6.25$
Fowler-Nordheim（F-N）隧穿效应	$J_{FN}=CE^2\mathrm{e}^{-\frac{D^2\sqrt{\varphi_t^3}}{E}}$　(4.5) 其中，C 是一个常数，φ_t 是势垒高度	$\ln(J/E^2)\text{-}1/E$	线性关系
欧姆传导	$J_{Ohmic}=q\mu NeE$ q 为电子电荷量；μ 为载流子迁移率；Ne 为载流子浓度	$\lg J\text{-}\lg E$	$\alpha\approx1$
SCLC	$J_{SCLC}=\dfrac{9\mu\varepsilon_r\varepsilon_0}{8d}E^2$ ε_r 为相对介电常数；ε_0 为真空介电常数；d 为膜厚	$\lg J\text{-}\lg E$	$\alpha\approx1$

图 4.23（a）为所有样品漏电流正电场部分的 $\lg J$ 和 $\lg E$ 关系图，不同的斜率（α）代表不同的漏电机制。从图中可以看出，BMS40 样品整个电场范围内，BMS0、BMS80、BMS120 样品低电场下均为欧姆传导（$\alpha\approx1$）[58]，欧姆传导的主要原因是自由电子和空穴。随着电场强度的增加，BMS80、BMS120 样品的漏电机制由欧姆传导机制变为空间电荷传导机制（SCLC）（$\alpha\approx2$）[26]。SCLC 机制的形成原因是载流子在薄膜内部传导并形成空间电荷积累区，导致电流就会受到空间电荷的限制[28]。随着电场强度的进一步增强，BMS0、BMS120 样品 α 值分别为 2.9 和 5.6，说明存在其他导电机制。高电场下主要的漏电机制有 Schottky 发射机制、P-F 发射机制和 F-N 隧穿效应机制。图 4.23（b）和图 4.23（c）分别是根据表 4.4 中式（4.7）和式（4.8）绘制的 $\ln(J/T^2)\text{-}E^{1/2}$ 和 $\ln(J/E)\text{-}E^{1/2}$ 曲线图。图 4.23（b）和图 4.23（c）计算的 K 值与理论 K 值[59]（$K=n^2=6.25,n=2.5$）相差较大，可见高电场下，薄膜样品的漏电机制都不属于上述两者。因此根据表 4.4 中式（4.9）绘制 $\ln(J/E^2)$ 和 $1/E$ 关系如图 4.11（d）所示。从图中可以看出，所有的薄膜样品 $\ln(J/E^2)$ 和 $1/E$ 都具有较好的线性关系。因此在高电场下，薄膜的漏电机制主要是 F-N 隧穿效应。

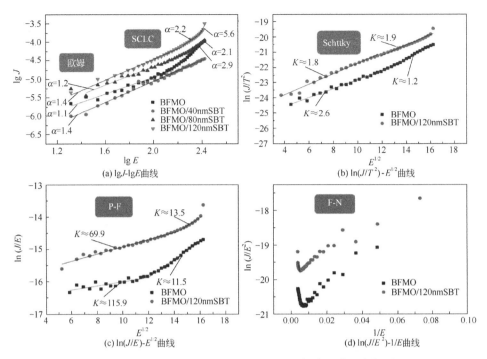

图 4.23　不同过渡层厚度 BFO/SBT 双层复合薄膜漏电机制图

4.2.6　铁电性能分析

图 4.24 为不同过渡层厚度 BFMO/SBT 双层复合薄膜电滞回线图，测试频率为 1kHz。测试电场为 1250kV/cm 时，BMS0、BMS40、BMS80、BMS120 样品的 $2P_r$ 分别为 86μC/cm²、99μC/cm²、77μC/cm²、53μC/cm²，$2E_c$ 分别为 932kV/cm、946kV/cm、971kV/cm、701kV/cm。所有的样品正负矫顽场对称性较好，没有明显的偏移，与 PFM 分析一致。随着 SBT 厚度的增加，双层复合薄膜的剩余极化强度先增大后减小，说明加入适当厚度的 SBT 过渡层能够改善复合薄膜的铁电性能，BMS40 薄膜样品具有最大的剩余极化强度。可能的原因分析如下：①随着 SBT 厚度的增加，面外拉伸应变先减小后增大，导致底层夹紧程度先减少后增大，底层夹紧减小有利于 180°畴的形成，减少 BFMO 层的畴壁钉扎，从而改善铁电极化[60-63]；②SBT 在双层复合薄膜中充当绝缘体，阻挡了电荷移动，提高了双层复合薄膜的电阻率，因此可以提高薄膜耐压和性能[18,19]；③氧空位会导致复合缺陷的产生，复合缺陷会抑制铁电畴的翻转[64]。由上文 XPS 分析可知，

BMS0、BMS40、BMS80、BMS120 样品内的氧空位浓度先增大后减小，因此剩余极化强度先增大后减小。剩余极化强度降低还有可能是因为 SBT 本身的剩余极化强度太低，加入过渡层会"稀释"整个双层复合薄膜的剩余极化强度，因此随着过渡层厚度的增加，这一种效应也会增强，导致剩余极化强度降低[20, 65]。此外，随着 SBT 过渡层厚度的增加，双层复合薄膜中无铁电性的中心对称正交 Pnma 相的增多削弱了薄膜的铁电性能[66]。

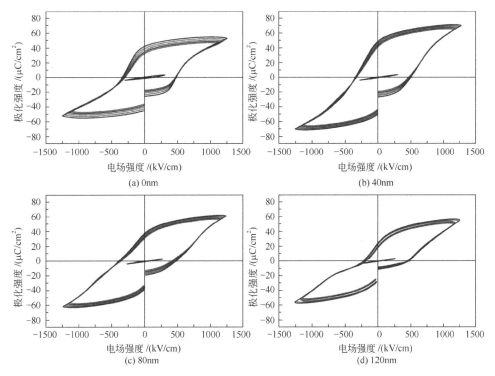

图 4.24 不同过渡层厚度 BFMO/SBT 双层复合薄膜电滞回线图

4.2.7 铁磁性分析

图 4.25 为不同过渡层厚度 BFMO/SBT 双层复合薄膜室温磁滞回线图，测试磁场强度为 5kOe。所有样品在常温下均有较弱的铁磁响应，随着 SBT 厚度的增加磁化强度减弱。图 4.25 插图为饱和磁化强度随着 SBT 过渡层厚度变化图，随着 SBT 厚度增加，磁化强度减小。有报道称中心对称正交 Pnma 相的存在可以通过抑制自旋结构来增强磁性能[67]。此外，影响磁性的还有尺寸效应：

将 BFO 薄膜晶粒尺寸减小到自螺旋结构（62nm）以下，小晶粒尺寸的反铁磁体系作用距离较长，反铁磁序在晶粒表面经常被打断，会对磁化值产生影响，使其磁化强度大大增强[14]。由 SEM 分析可知，随着 SBT 厚度的增加，薄膜晶粒尺寸变大，尺寸效应减弱，磁性降低的原因可能是尺寸效应作用大于 Pnma 相的增强作用。

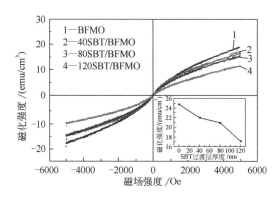

图 4.25　不同过渡层厚度 BFMO/SBT 双层复合薄膜室温磁滞回线图

4.2.8　老化性能分析

为了简化 SBT 过渡层对 BFMO 薄膜老化性能影响机理的分析过程，在双层复合薄膜中选择以 BMS40 样品为代表与 BMS0 薄膜样品进行对比。测试电场为 1250kV/cm 的 P-E 回线与 J-E 回线分别如图 4.26 中实线（未老化样品）所示，而虚线（老化样品）是经过三个月室温时效后的二次测试结果。可以看出，时效处理后 BS0 和 BS40 样品的剩余极化（$2P_\mathrm{r}$）分别减小了 66.7%和 46.9%，而矫顽场强的偏移量分别增加了 61.6%和 47.4%，说明两种样品均发生了老化，而且 40nmSBT 过渡层抑制了 BFMO 薄膜的老化过程。铁电材料的老化机理分析需要同时考虑热力学因素和动力学因素。BFMO 铁电薄膜的顺电/铁电相变发生在 T_c 以下的冷却过程中[68]。由于以氧空位为主的点缺陷跃迁需要动力学时间，样品中的缺陷对称性对于晶体对称性来说有一定的延迟性，造成样品的不稳定状态。但对称协调短程有序（SC-SRO）原理提供的热力学因素在老化过程中驱动氧空位 $[(\mathrm{V}_{\mathrm{O}^{2-}})^{\bullet\bullet}]$ 的迁移，从而使缺陷和晶体对称性趋于一致，这一过程同时导致 $[(\mathrm{Mn}_{\mathrm{Fe}^{3+}}^{2+})'-(\mathrm{V}_{\mathrm{O}^{2-}})^{\bullet\bullet}]$ 等缺陷偶极子的短程有序分布。有序缺陷偶极子可以驱动掺杂铁电体中的畴翻转，这就解释了老化样品剩余极化的减小；缺陷偶极子有序排列形成内部电场 P_D 造成矫顽场强偏移量的增加。根据前文 XPS 分析可知，BFMO/40nmSBT 双层复合薄膜样品中氧空位浓度较小，意味着有序缺陷偶极子 $[(Mn_{Fe^{3+}}^{2+})' - (V_{O^{2-}})^{\bullet\bullet}]$ 排列造成的老化效应较弱。另外，由于本书中所有样品的平均晶粒尺寸较小，热力学驱动力相对较弱，氧空位的动力学迁移受到严重阻碍，所以性能测试结果并未出现老化的特征现象即双电滞回线。老化机理简图见图 4.27。

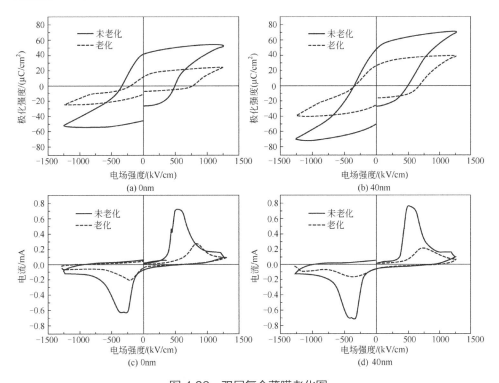

图 4.26　双层复合薄膜老化图

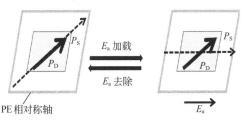

图 4.27　老化机理简图

4.3　本章小结

本章主要分别研究了 SBT 过渡层厚度对 BFO/SBT 和 BFMO/SBT 双层复合薄膜晶体结构、表面形貌，以及 XPS、铁电性能、介电性能的影响，并对其漏电机制进行了详细的讨论，得出以下主要结论：

所有薄膜样品均形成了钙钛矿结构，没有其他杂相生成。BS80 薄膜样品结晶较好，晶粒尺寸均匀且最小，薄膜致密度较好。

BS80 薄膜样品中 Fe^{2+} 含量最少，氧空位浓度最低，并且该样品具有较好的铁电性能，测试电场为 1200kV/cm 时，剩余极化强度为 151μC/cm^2，矫顽场强为 900kV/cm。测试电场为 350kV/cm 时，漏电流密度最小为 $5.21×10^{-5}$A/cm^2。由漏电机制分析可知，在低电场（$E<100$kV/cm）下薄膜的漏电机制为欧姆传导，高电场下（$E>100$kV/cm）薄膜的漏电机制为 F-N 隧穿效应。

BMS40 薄膜样品中 Fe^{2+} 含量最少，氧空位浓度最低；压电性能和铁电性能较好，d_{33} 约 121pm/V，测试电场为 1250kV/cm 时，$2P_r$ 为 99μC/cm^2，$2E_c$ 为 846 kV/cm，测试电场为 350kV/cm 时，漏电流密度为 $5.21×10^{-5}$A/cm^2，该样品的漏电机制为欧姆传导机制，其他样品漏电机制在低电场（$E<100$kV/cm）下为欧姆传导，高电场下（$E>100$kV/cm）为 F-N 隧穿效应。尺寸效应致使 SBT 过渡层引入，使样品的铁磁性降低。老化程度是通过氧空位浓度影响缺陷偶极子的重新有序排列，因而引入过渡层的样品老化程度较弱。

参考文献

[1] Li Y W, Sun J L, Chen J, et al. Structural ferroelectric dielectic and magnetic properties of BiFeO₃/PbZr₀.₅, Tn₀.₅)O₃; mulilayer films derived by chemical solution deposition.[J]. Applied Physics Letters, 2005,87(18):182902-1-3.

[2] Huang F, Lu X, Lin W, et al. Multiferroic properties and dielectric relaxation of BiFeO₃/Bi₃.₂₅La₀.₇₅Ti₃O₁₂ double-layered thin films[J]. Applied Physics Letters, 2007, 90(25):252903-3.

[3] Cheng Z, Wang X, Kannan C V, et al. Enhanced electrical polarization and ferromagnetic moment in a multiferroic BiFeO₃/Bi₃.₂₅Sm₀.₇₅Ti₂.₉₈V₀.₀₂O₁₂ double-layered thin film[J]. Applied Physics Letters, 2006, 88(13):132909-3.

[4] Zhao X F, Zhang F Q, Zhang H P, et al.Effect of Ca doping on the properties of Sr₂Bi₄Ti₅O₁₈ ferroelectric thin films[J]. Journal of Materials Science: Materials in Electronics, 2019, 30:13434-13444.

[5] Ding J, Chen H, Wang X, et al. Unusual enhanced photoluminescence from highly lattice mismatched ZnO/Cu₃N multilayer films[J]. Materials Research Bulletin, 2016, 96:40-46.

[6] Zhang Z H, Zhang X L, Liao H, et al. Composition depth profiles of $Bi_{3.15}Nd_{0.85}Ti_3O_{12}$ thin films studied by X-ray photoelectron spectroscopy[J]. Applied Surface Science, 2011, 257(17):7461-7465.

[7] Dai Y Q, Dai J M, Tang X W, et al. Thickness effect on the properties of $BaTiO_3$-$CoFe_2O_4$ multilayer thin films prepared by chemical solution deposition[J]. Journal of Alloys and Compounds, 2014, 587:681-687.

[8] Brion D. Etude par spectroscopie de photoelectrons de la degradation superficielle de FeS_2, $CuFeS_2$, ZnS et PbS a l'air et dans l'eau[J]. Applications of Surface Science, 1980, 5:133-152.

[9] Fang L, Liu J, Ju S, et al. Experimental and theoretical evidence of enhanced ferromagnetism in sonochemical synthesized $BiFeO_3$ nanoparticles[J]. Applied Physics Letters, 2010, 97:242501-3.

[10] Qian Z H, Xiao D Q, Zhu J G, et al. Xray photoelectron spectroscopy and Auger electron spectroscopy studies of ferroelectric (Pb, La)TiO_3 thin films prepared by a multiionbeam reactive cosputtering technique[J]. Journal of Applied Physics, 1994, 74:224-227.

[11] Kuznetsov M W, Zhuravlev J F, Gubanov V A. XPS analysis of adsorption of oxygen molecules on the surface of Ti and TiN, films in vacuum[J]. Journal of Electron Spectroscopy and Related Phenomena, 1992, 58:169-176.

[12] Tamilselvan A, Balakumar S, Sakar M. Role of oxygen vacancy and Fe-O-Fe bond angle in compositional, magnetic, and dielectric relaxation on Eu-substituted $BiFeO_3$ nanoparticles[J]. Dalton Transactions, 2014, 43:5731-5738.

[13] Luo Y Y, Tan G Q, Dong G H, et al. Effect of $CoFe_2O_4$ layer and (Gd, Mn) co-substitution on multiferroic properties of $BiFeO_3$ films[J]. Journal of Alloys and Compounds, 2015, 638:320-323.

[14] Reetu, Agarwal A, Sanghi S, et al. Dielectric and magnetic properties of Sr and Ti codoped $BiFeO_3$ multiferroic[J]. Journal of Applied Physicis, 2011:073909.

[15] Coy L E, Yate L, Ventura J, et al. Orientation dependent Ti diffusion in YNMO/STO thin films deposited by pulsed laser deposition[J]. Applied Surface Science, 2016, 387:864-868.

[16] Yang C H, Han Y J, Sun X S. Effects of Nd^{3+}-substitution for Bi-site on the leakage current, ferroelectric and dielectric properties of $Na_{0.5}Bi_{0.5}TiO_3$ thin films[J]. Ceramics International, 2018, 44:6330-6336.

[17] Chai Z J, Tan G Q, Yue Z W, et al. Structural transition, defect complexes and improved ferroelectric behaviors of $Bi_{0.88}Sr_{0.03}Gd_{0.09}Fe_{0.94}Mn_{0.04}Co_{0.02}O_3$/$Co_{1-x}Mn_xFe_2O_4$ bilayer thin films[J]. Ceramics International, 2018, 44: 15770-15777.

[18] Chen J Y, Tang Z H, Bai Y L, et al. Multiferroic and magnetoelectric properties of $BiFeO_3$/$Bi_4Ti_3O_{12}$ bilayer

composite films[J]. Journal of Alloys and Compounds, 2016,675:257-265.

[19] Tan G Q, Luo Y Y, Dong G H, et al. A comparative study on the magnetic and electrical properties of $Bi_{0.89}Tb_{0.11}FeO_3$ and $Bi_{0.89}Tb_{0.11}FeO_3/CoFe_2O_4$ multiferroic thin films[J]. Journal of Alloys and Compounds, 2015, 623:243-247.

[20] Boesch D S, Son J, LeBeau J M, et al. Thickness Dependence of the Dielectric Properties of Epitaxial $SrTiO_3$ Films on (001)$Pt/SrTiO_3$[J]. Applied Physics Express, 2018, 1:091602-3.

[21] Cui S G, Hu G G, Wu W B, et al. Aging-Induced Double Ferroelectric Hysteresis Loops and Asymmetric Coercivity in As-Deposited $BiFe_{0.95}Zn_{0.05}O_3$ Thin Film[J]. Journal of the American Ceramic Society, 2009, 92(7):1610-1612.

[22] Lee C C, Wu J M, Hsiung C P. Highly(110)-and(111)-oriented $BiFeO_3$ films on $BaPbO_3$ electrode with Ru or Pt/Ru barrier layers[J]. Applied Physics Letters, 2007, 90:182909-3.

[23] Park B H, Hyun S J, Bu S D, et al. Differences in nature of defects between $SrBi_2Ta_2O_9$ and $Bi_4Ti_3O_{12}$[J]. Applied Physics Letters, 1999, 74:1907-1909.

[24] Lee S Y, Tsenga T Y. Electrical and dielectric behavior of MgO doped $Ba_{0.7}Sr_{0.3}TiO_3$ thin films on Al_2O_3 substrate[J]. Applied Physics Letters, 2002, 80:1797-1799.

[25] Geng F J, Yang C H, Lv P P. Effects of Zn^{2+} doping content on the structure and dielectric tunability of non-stoichiometric $[(Na_{0.7}K_{0.2}Li_{0.1})_{0.45}Bi_{0.55}]TiO_{3+\delta}$ thin film[J]. Journal of Materials Science Materials in Electronics, 2016, 27:2195-2200.

[26] Wang C, Takahashi M, Fujino H. Leakage Current of Multiferroic $(Bi_{0.6}Tb_{0.3}La_{0.1})FeO_3$ Thin Films Grown at Various Oxygen Pressures by Pulsed Laser Deposition and Annealing Effect[J]. Journal of Applied Physics, 2006, 99:054104-5.

[27] Raghavan C M, Jin W K, Sang S K. Effects of Ho and Ti Doping on structural and electrical properties of $BiFeO_3$ thin films[J]. Journal of the American Ceramic Society, 2014, 97:235-240.

[28] Chen F, Li B Z, Dufresne R A. Abrupt current increase due to space-charge-limited conduction in thin nitride-oxide stacked dielectric system[J]. Journal of Applied Physics, 2001, 90:1898-1902.

[29] Li J, Sha N, Zhao Z. Effect of annealing atmosphere on the ferroelectric properties of inkjet printed $BiFeO_3$ thin films[J]. Applied Surface Science, 2018, 454:233-238.

[30] Pabst G W, Martin L W, Chu Y H. Leakage mechanisms in $BiFeO_3$ thin films[J]. Applied Physics Letters, 2007, 90:072902-1-3.

[31] Lakovlev S, Solterbeck C H, Kuhnke M. Multiferroic $BiFeO_3$ thin films processed via chemical solution

deposition: Structural and electrical characterization[J]. Journal of Applied Physics, 2005, 97:094901-1-6.

[32] Qi X D, Dho J, Tomov R, et al. Greatly reduced leakage current and conduction mechanism in aliovalent-ion-doped BiFeO$_3$[J]. Applied Physics Letters, 2005, 86:062903-3.

[33] Hou C M, Huang W C, Zhao W B, et al. Ultrahigh Energy Density in SrTiO$_3$ Film Capacitors[J]. Applied Materials & Interfaces, 2017, 9(24):20484-20490.

[34] Natori K, Otani D, Sano N. Thickness dependence of the effective dielectric constant in a thin film capacitor[J]. Applied Physics Letters, 1998, 73:632-634.

[35] Wang J, Tang X G, Chan H L W, et al. Dielectric relaxation and electrical properties of 0.94Pb(Fe$_{1/2}$Nb$_{1/2}$) O$_3$-0.06PbTiO$_3$ single crystals[J]. Applied Physics Letters, 2005, 86(15):152907-3.

[36] Wang D Y, Ding R, Li S, et al. Effect of Substrate on Structure and Multiferrocity of (La, Mn) CoSubstituted BiFeO$_3$ Thin Films[J]. Journal of the American Ceramic Society, 2013, 96(8):1-6.

[37] Zhang F Q, Fan S H, Wang C J, et al. Improvement of leakage and ferroelectric properties of Mn-doped BiFeO$_3$ thin films[J]. Journal of Ceramic Processing Research, 2017, 18(4):301-304.

[38] Liu Y, Tan G Q, Chai Z L, et al. Dielectric relaxation and resistive switching of Bi$_{0.96}$Sr$_{0.04}$Fe$_{0.98}$Co$_{0.02}$O$_3$/ CoFe$_2$O$_4$ thin films with different thicknesses of the Bi$_{0.96}$Sr$_{0.04}$Fe$_{0.98}$Co$_{0.02}$O$_3$ layer[J]. Ceramics International, 2019, 45:3522-3530.

[39] Singh A K, Balasingh C. X-ray diffraction line broadening under elastic deformation of a polycrystalline sample: An elastic-anisotropy effect[J]. Journal of Applied Physics, 2001, 90:2296.

[40] Duan Z H, Jiang K, Wu J D, et al. Thickness-dependent optical properties in compressively strained BiFeO$_3$/LaAlO$_3$ films grown by pulsed laser deposition[J]. Material Research Bulletin, 2014, 51:351-355.

[41] Zhu T J, Lu L. X-ray diffraction and photoelectron spectroscopic studies of (001)-oriented Pb(Zr$_{0.52}$Ti$_{0.48}$)O$_3$ thin films prepared by laser ablation[J]. Journal of Applied Physics, 2004, 95:2296-2302.

[42] Araki W, Miyashita M, Arai Y. Strontium surface segregation in La$_{0.6}$Sr$_{0.4}$Co$_{0.2}$Fe$_{0.8}$O$_{3-\delta}$ subjected to mechanical stress[J]. Solid State Ionics, 2016, 290:18-23.

[43] Zhang S T, Xiao C S, Fang A A, et al. Ferroelectric properties of Sr$_2$Bi$_4$Ti$_5$O$_{18}$ thin films[J]. Applied Physics Letters, 2000, 76:3112-3114.

[44] Sarkar A, Khan G G. Synthesis of BiFeO$_3$ nanoparticle anchored TiO$_2$-BiFeO$_3$ nano heterostructure and exploring its different electrochemical aspects as electrode[J]. Materials Today: Proceedings, 2018, 5:10177-10184.

[45] Ma S, Cheng X D, Ali T, et al. Influence of tantalum on mechanical, ferroelectric and dielectric properties of

Bi-excess $Bi_{3.25}La_{0.75}Ti_3O_{12}$ thin film[J]. Applied Surface Science, 2019, 463:1141-1147.

[46] Hussain S, Hasanain S K, Jaffari G H, et al. Thickness dependent magnetic and ferroelectric properties of $LaNiO_3$ buffered $BiFeO_3$ thin films[J]. Currently Applied Physics, 2015, 15:194-200.

[47] Jiang J, Bitla Y, Huang C W, et al. Flexible ferroelectric element based on van der Waals heteroepitaxy[J]. Science Advantage, 2017:e1700121-1-8.

[48] Miao P X, Zhao Y G, Luo N N, et al. Ferroelectricity and Self Polarization in Ultrathin Relaxor Ferroelectric Films[J]. Scientific Reports, 2016, 6:19965-9.

[49] Chen J Y, Bai Y L, Nie C H, et al. Strong magnetoelectric effect of $Bi_4Ti_3O_{12}/Bi_5Ti_3FeO_{15}$ composite films[J]. Journal of Alloys and Compound, 2016, 663:480-486.

[50] Huang R, Ding H C, Liang W I, et al. Atomic-Scale Visualization of Polarization Pinning and Relaxation at Coherent $BiFeO_3/LaAlO_3$ Interfaces[J]. Advanced Functional Material, 2013, 24(3):793-799.

[51] Liu Q, Zhang J L, Wei L, et al. Observation of Bi-deficiency effects on ferroelectric and electrical properties in $Bi_{(1+x)}FeO_3/La_{0.65}Sr_{0.35}MnO_3$ heterostructures by atomic force microscope[J]. RSC Advances, 2016, 6(116): 115039-115045.

[52] Sun W, Zhou Z, Luo J, et al. Leakage current characteristics and Sm/Ti doping effect in $BiFeO_3$ thin films on silicon wafers[J]. Journal of Applied Physics, 2017, 121:064101-7.

[53] Yan F, Lai M O, Lu L. Enhanced Multiferroic Properties and Valence Effect of Ru-Doped $BiFeO_3$ Thin Films[J]. Journal of Physical Chemistry C, 2010, 114:6994-6998.

[54] Song D P, Tang X W, Yuan B, et al. Thickness Dependence of Dielectric, Leakage, and Ferroelectric Properties of $Bi_6Fe_2Ti_3O_{18}$ Thin Films Derived by Chemical Solution Deposition[J]. Journal of the American Ceramic Society, 2014:1-7.

[55] Yan F X, Zhao G Y, Song N. Sol-gel preparation of La-doped bismuth ferrite thin film and its low-temperature ferromagnetic and ferroelectric properties[J]. Journal of Rare Earths, 2013, 31(1):60-64.

[56] Bai Y L, Zhao H L, Chen J Y, et al. Strong magnetoelectric coupling effect of $BiFeO_3/Bi_5Ti_3FeO_{15}$ bilayer composite films[J]. Ceraminal International, DOI: 10.1016/j.ceramint. 2016.03.166.

[57] Zhang S T, Xiao C S, Fang A A, et al. Ferroelectric properties of $Sr_2Bi_4Ti_5O_{18}$ thin films[J]. Applied Physics Letters, 2000, 76:3112-3114.

[58] Chen F, Li B Z, Dufresne R A, et al. Abrupt current increase due to space-charge-limited conduction in thin nitride-oxide stacked dielectric system[J]. Journal of Applied Physics, 2001, 90:1898-1902.

[59] Iakovlev S, Solterbeck C H, Kuhnke M, et al. Multiferroic $BiFeO_3$ thin films processed via chemical solution

deposition:Structural and electrical characterization[J]. Journal of Applied Physics, 2005, 97:094901-6.

[60] Gupta R, Chaudhary S, Kotnala R K. Interfacial Charge Induced Magnetoelectric Coupling at $BiFeO_3$/$BaTiO_3$ Bilayer Interface[J]. ACS Applied Material International, 2015, 7:8472-9.

[61] Wang L, Wang Z, Jin K J, et al. Effect of the thickness of $BiFeO_3$ layers on the magnetic and electric properties of $BiFeO_3$/$La_{0.7}Sr_{0.3}MnO_3$ heterostructures[J]. Applied Physics Letters, 2013, 102:242902-5.

[62] Dai Y Q, Dai J M, Tang X W, et al. Thickness effect on the properties of $BaTiO_3$-$CoFe_2O_4$ multilayer thin films prepared by chemical solution deposition [J]. Journal of Alloys and Compound, 2014, 587:681-687.

[63] Jang H W, Baek S H, Ortiz D, et al. Epitaxial (001) $BiFeO_3$ membranes with substantially reduced fatigue and leakage[J]. Applied Physics Letters, 2008, 92:062910-3.

[64] Tana G Q, Chai Z J, Zheng Y J, et al. Resistive switching behavior and improved multiferroic properties of $Bi_{0.9}Er_{0.1}Fe_{0.98}Co_{0.02}O_3$/$Co_{1-x}Mn_xFe_2O_4$ bilayered thin films[J]. Journal of Alloys and Compound, 2008, 44: 12600-12609.

[65] Lee C C, Wu J M, Hsiung C P. Highly (110)- and (111)-oriented $BiFeO_3$ films on $BaPbO_3$ electrode with Ru or Pt/Ru barrier layers[J]. Applied Physics Letters, 2007, 90:182909-3.

[66] Rao T D, Kandula V, Kumar A, et al. Improved magnetization and reduced leakage current in Sm and Sc co-substituted $BiFeO_3$[J]. Journal of Applied Physics, 2018, 123:244104-7.

[67] Park T J, Papaefthymiou G C, Viescas A J, et al. Size-Dependent Magnetic Properties of Single-Crystalline Multiferroic $BiFeO_3$ Nanoparticles[J]. Nano Letters, 2007, 7:766-772.

[68] Kim S W, Choi H I, Lee M H, et al. Leakage Current Behaviors of $SrTiO_3$/$BiFeO_3$ MultiLayers Fabricated by Pulsed Laser Deposition[J]. Integrated Ferroelectrics, 2012, 134(1):133-138.

第**5**章

BFO-SBTi 复合铁电陶瓷的制备和性能研究

铁电存储器材料要求较高的剩余极化强度、较低的漏电流、良好的抗疲劳性以及无环境污染等。目前铋系层状铁电材料（BLSF）是铁电存储器的最佳候选材料之一，尤其是以 $Sr_2Bi_4Ti_5O_{18}$（SBTi）为代表的 $Sr_mBi_4Ti_{m+3}O_{3m+3}$（$SBTi_m$）铁电材料由于较高的剩余极化强度、较低的矫顽场强和漏电流以及较长的保持时间等成为非易失铁电存储器（NVFRAM）研究的主要材料。但其较低的居里温度限制了其高温下的使用，因此利用掺杂取代、固溶和共生等手段对 SBTi 铁电材料进行改性成为研究热点。本章以 SBTi 为研究对象，用固溶的方式将其与室温下具有多铁性的 $BiFeO_3$（BFO）材料进行复合，制备出 xBFO-$(1-x)$ SBTi(SBFTi-x)系列陶瓷，发现随着 x 的增加，相比 SBTi 陶瓷，AB 位的 Bi^{3+} 和 Fe^{3+} 共掺不仅增大了晶格畸变程度，提高了类钙钛矿层数，还降低了氧空位浓度，抑制了 Ti^{4+} 变价和减少了 Bi 元素挥发，使 SBFTi-x 陶瓷在室温下展现出较高的剩余极化强度、较低的漏电流密度，但当 BFO 组分较高时出现结构坍塌并伴随第二相含量的提高。此外，随着 BFO 含量的提高，氧空位浓度和内置电场的变化使得 SBFTi-x 陶瓷的漏电机制也由以空间限制电荷为主导过渡到欧姆传导机制为主，而 Fe^{3+}/Fe^{2+} 的存在也使其展现出较弱的铁磁性。

5.1 SBFTi 铁电陶瓷的结构表征

5.1.1 SBFTi 铁电陶瓷的晶体结构研究

图 5.1（a）为在 1060℃下保温 2h 制备的 SBFTi-x（$x=0.1\sim0.9$）陶瓷的 X 射线衍射图谱。从图中可以看出，SBFTi-0.1 陶瓷样品的 XRD 图谱可以用 6 层钙钛矿结构的 Aurivillius 相 $Bi_7Fe_3Ti_3O_{21}$（空间群 Fmm2，JCPDS:54-1044）

的标准 PDF 卡片衍射峰来标定。然而，当 x 达到 0.3 时，在 32.021° 附近出现了立方结构的第二相[1]，这与 Wang 等[2]在锶掺杂 $Bi_7Fe_{1.5}Co_{1.5}Ti_3O_{21}$ 中发现的结果是一致的。随着 x 的增加，第二相衍射峰强度也逐渐增强，说明其含量不断增加。从图 5.1（b）29.5°～31.5° 范围 XRD 图谱中可以看出，当 $x>0.7$ 时，SBFTi 陶瓷样品的（113$\underline{1}$）衍射峰逐渐向大角度偏移，当 $x=0.9$ 时出现了 $Sr_2Bi_4Ti_5O_{18}$ 的（110$\underline{1}$）衍射峰，说明 SBFTi-0.9 样品中出现了结构坍塌，类钙钛矿层数下降到 5，同时第二相衍射峰增多，此时样品中可能已经发生了结构转变。造成结构坍塌的原因主要是 Fe^{3+} 进入类钙钛矿层中，会使类钙钛矿层与铋氧层（Bi_2O_2）$^{2+}$ 发生晶格失配，随着 BFO 掺量的增加，Fe^{3+} 的含量不断增加，晶格失配更加严重，内应力逐渐增大，吉布斯自由能增加，出现结构坍塌现象[3-5]。

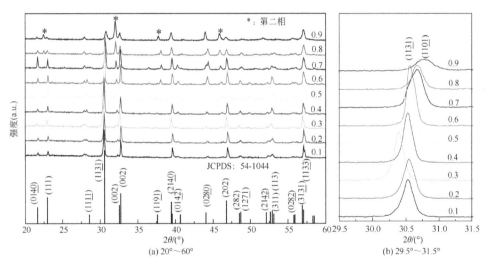

图 5.1　1060℃下烧结的 SBFTi-x 陶瓷 XRD 图谱

一般用式（5.1）[2]来衡量第二相在所有样品中的百分含量：

$$X_{\text{第二相}} = \frac{S_{(110)\text{第二相}} / f_{(110)\text{第二相}}}{S_{(110)\text{第二相}} / f_{(110)\text{第二相}} + S_{(11l)\text{SBFTi}} / f_{(11l)\text{SBFTi}}} \times 100\% \qquad (5.1)$$

式中，$S_{(110)\,\text{第二相}}$ 和 $S_{(11l)\text{SBFTi}}$ 为第二相和 Aurivillius 相的最强衍射峰的衍射面积；f 为晶体的多重对称性参数，对于第二相的（110）晶向，f 值一般取 12，而对于 Aurivillius 相的 SBFTi 样品（11l）晶向，f 取 8。计算结果如表 5.1 所示。通过计算得出，从 SBFTi-0.3 陶瓷开始，随着 x 的增加，第二相的含量逐渐增加，对于 SBFTi-0.9 陶瓷中第二相含量已达 53.5%，此时类钙钛矿层数为 5。

表 5.1　SBFTi 复合陶瓷的物相组成表

x		0.1	0.2	0.3	0.4	0.5	0.6	0.7	0.8	0.9
类钙钛矿层数 n		6	6	6	6	6	5~6	5~6	5~6	5
百分含量/%	第二相	0	0	3.6	4.6	4.9	6.3	9.5	31.9	53.5
	Aurivillius 相	100	100	96.4	95.4	95.1	93.4	90.5	68.1	46.5

此外，从图 5.1（b）中还可以明显看出，当 x<0.3 时，随着 x 增加，(113̲1)晶面衍射峰先往小角度偏移，当 x>0.3 后衍射峰逐渐向大角度偏移。根据布拉格方程可知，衍射峰角度的变化意味着晶面间距的变化，这是由于不同半径的离子互相取代造成不同程度的晶格畸变。在 SBFTi-x 陶瓷中可以看成 Fe^{3+} 和 Bi^{3+}分别取代 Ti^{4+} 和 Sr^{2+} 的过程，Fe^{3+} 的离子半径（0.645Å）比 Ti^{4+} 的离子半径（0.605Å）略大，在 Fe^{3+} 取代 Ti^{4+} 过程中会造成衍射峰往小角度偏移；而 Bi^{3+} 半径（1.3Å）比 Sr^{2+} 的半径（1.44Å）略小，取代 Sr^{2+} 后会造成衍射峰往大角度偏移[6-8]。因此，随着 BFO 含量的提高，两种取代过程分别占据主导作用，使得衍射峰位置先向小角度偏移后向大角度偏移，当 x=0.3 时所造成的晶格畸变最大。

5.1.2　SBFTi 铁电陶瓷的显微结构研究

图 5.2 为 SBFTi-x（x=0.1~0.9）陶瓷 SEM 照片。从图中可以看出，烧结后的各陶瓷样品晶粒均呈现片层状，符合铋层状钙钛矿结构的典型特征，同时晶粒发育较好，无规则取向，气孔率较低，显微结构致密。随着 BFO 掺杂量的增加，与 SBTi 的椭圆形片层结构相比，SBFTi 陶瓷的片层状晶粒边缘逐渐钝化，出现立方体晶粒。当 BFO 掺量为 0.7 时，样品中的晶粒开始变成立方片状，表明陶瓷样品中立方相含量增加，而在 SBFTi-0.9 样品中，大部分晶粒转变为立方相晶粒，这与上述 XRD 的分析是一致的。

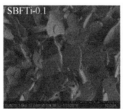

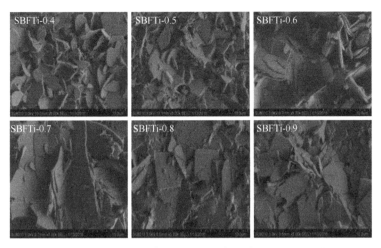

图 5.2 SBFTi-x（x=0.1~0.9）陶瓷的 SEM 照片

5.1.3 SBFTi 铁电陶瓷的拉曼光谱研究

图 5.3 为 SBTi 和 SBFTi-x（x=0.1~0.9）陶瓷常温下在 50~1000cm^{-1} 的拉曼光谱图。拉曼频移 v 在 60~90cm^{-1} 和 110~160cm^{-1}，以及 268cm^{-1}、560cm^{-1}、872cm^{-1} 左右都出现了较强的拉曼声子模，拉曼光谱对原子位置的变化非常敏感，声子模的变化情况可以反映出复合陶瓷中掺杂离子的取代位置[9-12]。在铋层状钙钛矿材料中，按照拉曼频移位置的不同可以分为 200cm^{-1} 以下的低频声子模和 200cm^{-1} 以上的高频声子模[10]，一般认为，低频模与质量较大的 Bi^{3+} 有关，而高频模与 TiO$_6$ 八面体的内部振动或扭曲有关，这是由于 TiO$_6$ 八面体的内部作用力较强而且 Ti^{4+} 质量较轻[11]。Sugita 等[12]通过对 Bi$_{4-x}$La$_x$Ti$_3$O$_{12}$ 薄膜的研究发现，低频模中 v=60cm^{-1} 附近处（图 5.3 A 处）对应着（Bi$_2$O$_2$）$^{2+}$ 层中 Bi^{3+} 的振动，110~160cm^{-1}（图 5.3 B 处）范围内则与 A 位离子的振动有关；而高频模中 v=268cm^{-1}（图 5.3 C 处）对应着 TiO$_6$ 的扭曲模，560cm^{-1} 和 872cm^{-1} 处对应 TiO$_6$ 的拉伸模（即图 5.3 E 和 F 处）。

从图中可以看出，当 BFO 掺杂量小于 0.8 时，在 C、E 和 F 处的三个高频声子模除强度发生变化外，形状基本一致，这表明 BFO 掺杂并未对铋层钙钛矿结构造成较大影响。强度逐渐减弱是因为 Fe^{3+} 逐渐取代了 Ti^{4+} 的位置形成 Fe/TiO$_6$ 八面体，使原来的 TiO$_6$ 八面体发生倾斜；而当掺杂量为 0.8 时，C、E 和 F 处的声子模对应的拉曼峰几乎消失，在 SBFTi-0.9 中出现了立方结构的声子模（D 处）[13]，这表明固溶体陶瓷的晶体结构发生了变化，这与 XRD、SEM 的分析是一致的。

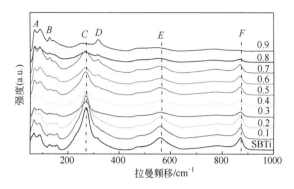

图 5.3　常温下 SBTi 与 SBFTi-x（x=0.1~0.9）陶瓷的拉曼光谱图

图 5.4（a）为 SBFTi-x（x=0~0.7）陶瓷低频（50~200cm^{-1}）范围内的拉曼光谱，其中 66.2cm^{-1} 附近的声子模与（Bi$_2$O$_2$）$^{2+}$ 中的 Bi 原子位移有关[14,15]，由图 5.4（b）中可以看出，66.2cm^{-1} 处的声子模随 BFO 掺量变化保持不变，这表明 Bi^{3+} 的掺杂没有对（Bi$_2$O$_2$）$^{2+}$ 层产生影响。88.2cm^{-1}、126.4cm^{-1} 及 155.95cm^{-1} 附近的声子模则与类钙钛矿层中的 A 位 Sr/Bi 原子有关，随着 BFO 掺量的增加，Bi^{3+} 不断取代原来 A 位的 Sr^{2+}，三个位置附近的声子模频率向低频偏移，这种变化与离子的质量有关[10]。Bi 的原子量为 209，要大于 Sr 的原子量（87.6），因此 Sr 原子被 Bi 原子取代后对应的声子模频率降低。

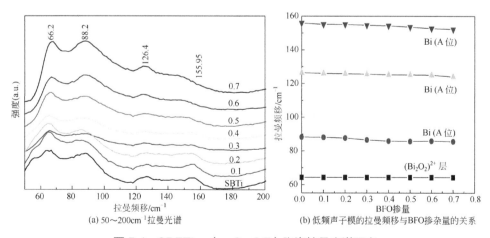

(a) 50~200cm^{-1} 拉曼光谱　　(b) 低频声子模的拉曼频移与BFO掺杂量的关系

图 5.4　SBFTi-x（x=0~0.7）陶瓷拉曼光谱研究

5.1.4　SBFTi 铁电陶瓷中的元素价态分析

X 射线光电子能谱（XPS）可以检测陶瓷表面元素种类并通过测定内壳层电子能级谱的化学位移判断元素的化学价态变化，结合谱线强度对元素含量进行定量分析。图 5.5 是 SBFTi-x（x=0，0.3 和 0.5）陶瓷表面的 XPS 图谱。从图中可以看出，由于样品存放和测试过程中不可避免地吸收空气中 CO_2 以致出现 C 1s 的谱峰，其他谱峰均为 SBFTi-x 陶瓷组成元素的，没有杂峰出现，各峰出现的位置与 $Bi_4Ti_3O_{12}$ 材料的相一致[16,17]。由于 Fe 元素含量较低，在 SBFTi-0.3 组分陶瓷样品表面所获得的 Fe 2p 谱峰强度较低。

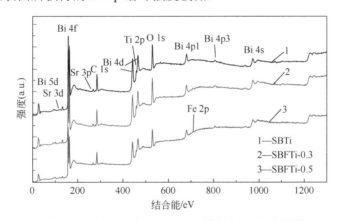

图 5.5　SBFTi-x(x=0, 0.3, 0.5)陶瓷的 XPS 图谱

图 5.6 是 SBFTi-x（x=0, 0.3, 0.5）陶瓷表面 Ti 元素高分辨电子能谱及其 Gaussian/Lorentzian 曲线拟合图谱，可以发现，Ti 存在 $2p_{1/2}$ 和 $2p_{3/2}$ 两个轨道峰，其中 $2p_{1/2}$ 与 Bi $4d_{3/2}$ 轨道峰重叠。根据 *Handbook of The Elements and Native Oxides*（《元素和天然氧化物手册》）可知 SBTi 和 SBFTi-0.3、SBFTi-0.5 陶瓷中 $2p_{3/2}$、$2p_{1/2}$ 轨道的峰位均为钙钛矿结构的 Ti 元素的峰位，可以确定 Ti 在 SBFTi 陶瓷中主要以钙钛矿结构形式存在（即 TiO_6 八面体）。SBFTi-0.5 陶瓷的 Ti $2p_{3/2}$ 结合能为 458.4eV，参照 XPS 结合能对照表可知与 $CaTiO_3$ 的 458.2eV 非常接近，这说明 Ti 元素在 SBFTi-0.5 陶瓷的类钙钛矿层中变价较小，主要呈现+4 价。

为了详细分析掺杂对 Ti 元素价态的影响，利用分峰软件 XPSpeak41 对 Ti $2p_{3/2}$ 轨道峰谱进行拟合，由图 5.7 可以看出，在 SBTi 陶瓷中，Ti^{3+}：Ti^{4+}=0.78：1，而在 SBFTi-0.5 样品中 $Ti^{3+}:Ti^{4+}=0.53:1$，说明 SBFTi-x 陶瓷的形成过程降低了氧空位浓度，抑制了 Ti 元素变价。

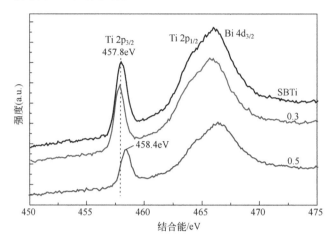

图 5.6　SBFTi-x（x=0，0.3，0.5）陶瓷表面 Ti 2p 高分辨电子能谱对比

$$O_2^{2-} + 2Ti^{4+} \longrightarrow V_O^{\cdot\cdot} + 2Ti^{3+} + \frac{1}{2}O_2 \uparrow \qquad (5.2)$$

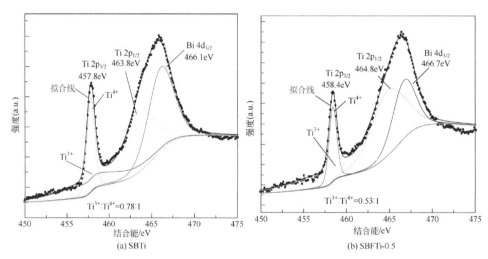

(a) SBTi　　　(b) SBFTi-0.5

图 5.7　陶瓷表面 Ti 2p 和 Bi 4d 高分辨电子能谱拟合图

在 SBFTi-x 陶瓷中，Fe 元素存在 Fe^{2+} 和 Fe^{3+} 两种价态，它们的同时存在必然会引起电荷的跃迁，导致氧空位的产生。图 5.8 为 SBFTi-0.5 陶瓷表面 $Fe\ 2p_{3/2}$ 高分辨电子能谱及其拟合曲线，从图中可以发现，通过分峰软件可以将 $Fe\ 2p_{3/2}$

峰谱拟合出两个结合能位置不同的峰，查询 XPS 结合能对照表可知 709.8eV 对应着 Fe^{2+} 的结合能；而 710.8eV 与 Fe_2O_3 的结合能完全一致，对应着 Fe^{3+} 的存在。根据两峰的积分面积估算出 $Fe^{2+}:Fe^{3+}=1:4.99$，可见在 SBFTi-0.5 陶瓷表面存在少量的 Fe^{2+}。

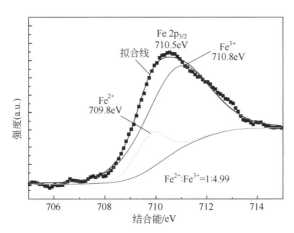

图 5.8　SBFTi-0.5 陶瓷表面 Fe $2p_{3/2}$ 高分辨电子能谱及其拟合图

5.2　SBFTi 铁电陶瓷的铁电性能研究

5.2.1　SBFTi 铁电陶瓷的电滞回线

图 5.9（a）为 85kV/cm 测试电场下得到的陶瓷样品电滞回线，从图中可以看出，各陶瓷样品的电滞回线较为饱和，随着 BFO 含量的提高，SBFTi-x 陶瓷的剩余极化强度 $2P_r$ 先提高后降低，矫顽场 $2E_c$ 一直上升，当 x=0.3 时，SBFTi-0.3 陶瓷样品的铁电性能最好，其剩余极化强度 $2P_r=18.66\mu C/cm^2$，矫顽场 $2E_c=77.7kV/cm$。图 5.9（b）为各陶瓷样品剩余极化强度 $2P_r$ 随外加电场的变化情况，从图中可以看出 SBFTi-x 陶瓷的抗击穿强度要高于 SBTi 陶瓷，综合来看，当 x<0.7 时，SBFTi-x 陶瓷的铁电性能优于纯 SBTi 陶瓷。

材料内部的缺陷、氧空位浓度以及晶格畸变程度等都会对铋层钙钛矿材料的铁电性能产生影响。Bi^{3+} 与 Sr^{2+} 有效半径的差异会导致晶格畸变，随着 BFO 量的增加，晶格畸变程度不断增大，从 XRD 分析可知 SBFTi-0.3 陶瓷的晶格畸变最大，因此 SBFTi-0.3 陶瓷的剩余极化强度 $2P_r$ 最高，铁电性能也最好。SBFTi

陶瓷在烧结过程中不可避免地存在 Bi 元素挥发产生氧空位，会对铁电畴产生钉扎作用影响其翻转从而使铁电性能下降，从 XPS 分析可知，SBFTi-*x* 陶瓷中的氧空位浓度较低，这有助于其铁电性能的提高，抗击穿强度也有所增强。

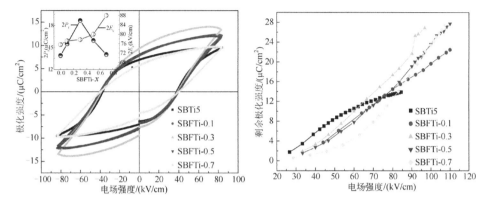

(a) 室温下SBTi 和SBFTi-*x*陶瓷的电滞回线及剩余极化2*P*ᵣ和矫顽场2*E*ᴄ变化　(b) 各样品剩余极化强度2*P*ᵣ随电场变化趋势

图 5.9　SBFTi 铁电陶瓷的铁电性能研究

5.2.2　SBFTi 铁电陶瓷的漏电性能表征

图 5.10 为 SBTi 与 SBFTi-*x*（*x*=0.3，0.5，0.7）固溶体陶瓷的漏电流密度曲线，从图中可以看出随着测试电场的增加，各组分陶瓷样品的漏电流密度不断增加，当测试电场高于 40kV/cm 后漏电流密度曲线逐渐趋于平缓。70kV/cm 电场下 SBTi 陶瓷的漏电流密度为 $2.66×10^{-6}A/cm^2$，随着 BFO 量的增加，SBFTi-*x* 固溶体陶瓷的漏电流密度先减小后增加，SBFTi-0.3 漏电流密度最小为 $2.34×10^{-6}A/cm^2$，而 SBFTi-0.7 漏电流密度最大为 $8.08×10^{-6}A/cm^2$，SBFTi-0.3 漏电流密度最小，这也保证了其击穿电场较高、剩余极化强度 $2P_r$ 高等优异的铁电性能。SBFTi-0.7 陶瓷的漏电流密度最大，可能是跟其中的 Fe^{2+} 含量高有关。

漏电流是衡量铁电材料性能的一项重要指标，其对铁电材料的工作特性具有重要影响。为了分析 SBTi 和 SBFTi-*x* 陶瓷的漏电流机制，对漏电流密度曲线的拟合如图 5.11 所示，通过分析拟合后得到的不同电场范围内的斜率（*s*）值确定陶瓷材料内部的漏电机制。从拟合结果来看，各陶瓷样品的拟合斜率在 1～2 之间，这说明陶瓷内部的漏电机制可能以欧姆传导（*s*≈1）或者空间限制电流传

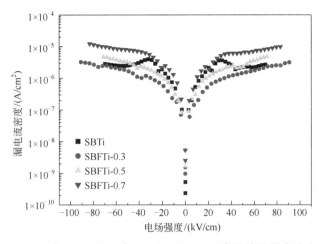

图 5.10　SBTi 与 SBFTi-x（x=0.3，0.5，0.7）陶瓷的漏电流密度曲线

导（SCLC，$s\approx2$）为主，也可能处于两种传导机制的过渡阶段，而这两种传导机制说明金属银电极与陶瓷形成了良好的金属-半导体接触。值得注意的是，随着 BFO 量的增加，SBFTi 陶瓷的 lg$E$-lg$J$ 曲线斜率逐渐减小，从 SBTi 的 1.56 减小至 SBFTi-0.7 的 1.12，说明漏电机制越来越接近以欧姆传导为主，空间限制电荷的作用有所减小。造成这种现象的原因是：①由于 SBFTi 陶瓷的抗击穿电场比 SBTi 陶瓷的要高，其内部势阱被载流子填满需要的电场也逐渐提高，同样电场下势阱内的载流子积累形成空间电荷区也逐渐减弱，导致内置电场减弱，空间电流的作用随之减小；②氧空位在电场作用下的迁移可以影响界面势垒改变漏电机制[18]，SBFTi 陶瓷可以看成 Bi^{3+}、Fe^{3+} 共掺 SBTi 陶瓷，这就避免了 Bi 元素挥发造成的氧空位，氧空位浓度的降低导致其俘获的载流子浓度下降，空间限制电流的作用自然有所减弱。

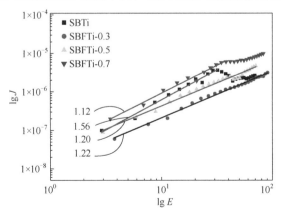

图 5.11　SBTi 与 SBFTi-x（x=0.3，0.5，0.7）陶瓷的 lg$E$-lg$J$ 曲线

5.3 SBFTi 铁电陶瓷的电磁性能

图 5.12 是室温下 SBFTi-0.5 陶瓷样品的磁滞回线图，从图中可以看出 SBFTi-0.5 陶瓷室温下表现出弱磁性，其剩余磁化强度 $2M_r$=0.007emμ/g。由图 5.1 可知，在 SBFTi-0.5 陶瓷中没有检测到 BFO 相的存在，因此测得的磁滞回线属于 SBFTi-0.5 陶瓷的本征铁磁性。BFO 的磁性来源于过渡金属 Fe^{3+}，SBFTi-0.5 陶瓷的铁磁性也可能来源于 Fe^{3+}/Fe^{2+}，在氧八面体中 Fe^{3+} 与 Ti^{4+} 的互相取代，改变了 Fe^{3+} 的统计分布，较大的晶格畸变加剧了 Fe^{3+} 自旋倾斜度，使 SBFTi-0.5 陶瓷在室温下出现较大的磁极化[19]，而室温下表现出的铁磁性非常微弱，根本原因是 FeO_6 八面体数量较少，磁性离子体积较小[20]。尽管 SBFTi-0.5 陶瓷中铁含量较少，显示出较弱的磁性能，但室温下铁电和铁磁性的同时存在预示着其可能具有一定的磁电耦合效应，这也为 SBFTi-x 陶瓷在新型存储器等方面的应用提供了更多可能。

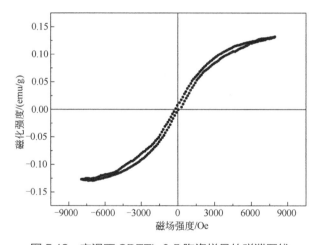

图 5.12　室温下 SBFTi-0.5 陶瓷样品的磁滞回线

5.4 SBFTi 铁电陶瓷的介电特性

5.4.1 SBFTi 铁电陶瓷的常温介电特性

图 5.13（a）是 SBFTi-x 铁电陶瓷样品常温下的介电常数随频率的变化曲线，测试频率为 100Hz～1MHz。从图中可以看出，各组分的陶瓷样品在所测试频率

范围内介电常数变化较小，表现出较好的频率稳定性，其变化趋势遵循 Maxwell-Wagner 模型[21]。介电常数随频率升高稍有减小，这是因为介电常数与空间电荷极化有关，低频下随外电场发生反转的偶极子较多，因此介电常数较大；而高频下很多偶极子的反转跟不上电场的变化，导致介电常数下降[22]。随着 BFO 添加量的增加，SBFTi-x 陶瓷的介电常数呈现上升的趋势，这可能跟陶瓷样品的内部阻挡层效应有关[23-26]。

图 5.13（b）为 SBFTi-x 铁电陶瓷样品常温下介电损耗随频率的变化曲线，从图中可以看出，当 BFO 添加量小于 0.7 时，介电损耗先降低后略微增加，这可能是由于不同 BFO 添加量在陶瓷样品内部引起的弛豫时间不同，在 BFO 添加量小于 0.7 的陶瓷中，所选择的最低测试频率 100Hz 处于弛豫频率附近，外加电场周期与松弛时间相近，此时极化建立过程的滞后现象明显，故介电常数减小的同时，介电损耗出现极值，符合固体单一弛豫机制德拜模型[27]；而当 BFO 添加量在 0.7～0.9 时，介电损耗随频率升高而增加，此时所选择的测试频率范围大于其对应的弛豫频率，因此极化逐渐退出响应，介电损耗呈现增加的趋势。此外值得注意的是，低频下 SBTi 陶瓷的介电损耗较大，并且在频率<10^4Hz 时变化较为剧烈，随着 BFO 添加量的提高，SBFTi-x 陶瓷的介电损耗有所减小，受频率的影响逐渐变小，这说明 BFO 的加入不仅能降低 SBTi 陶瓷的介电损耗，还提高了 SBTi 陶瓷的频率稳定性，其中 SBFTi-0.3 陶瓷的介电损耗最小，为 0.013～0.0244 之间。

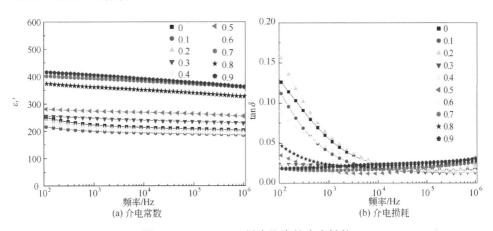

图 5.13　SBFTi-x 铁电陶瓷的介电性能

5.4.2 SBFTi 铁电陶瓷的介温谱特性

图 5.14 为 SBFTi-x（x=0～0.7）铁电陶瓷在不同频率下介电常数与介电损耗随温度变化曲线，介电温谱的峰值所对应的温度为铁电-顺电相变的居里温度点[28]。SBTi 陶瓷的居里温度为 263.5℃左右（测试频率 1kHz），低于文献中报道的 283℃[29,30]，这可能是由于搭建的控温系统有所差异。随着 BFO 添加量从 0.1～0.7，SBFTi-x 陶瓷的居里温度从 282.6℃提高至 443.1℃，居里温度随 BFO 添加量的增加不断提高。正如上文所述，SBFTi 陶瓷在结构上与 SBTi 陶瓷有两点不同：首先，A 位离子不同，SBFTi 陶瓷中 A 位离子由 Bi^{3+}和 Sr^{2+}/Bi^{3+}占据，而 SBTi 陶瓷由 Sr^{2+}和 Bi^{3+}占据；其次，在类钙钛矿层中，TiO_6、FeO_6 以及 Fe/TiO_6 三种氧八面体是混合存在于 SBFTi 陶瓷中的，而 SBTi 陶瓷只有 TiO_6 八面体的存在。综合来看，SBFTi-x 陶瓷相当于 Bi 元素取代 A 位 Sr 元素，Fe 元素取代 B 位的 Ti 元素，因此在 SBTi 陶瓷的基础上，随着 BFO 添加量的增加，结构畸变程度不断提高，发生铁电-顺电相变的温度也随之提高[7,31]。所制备的 SBFTi-x 陶瓷居里温度处于 SBTi 陶瓷和 BFO 陶瓷之间，与 James 等的研究是一致的[32,33]。

与 SBTi 陶瓷尖锐的居里峰不同，SBFTi-x（x=0.1～0.7）陶瓷的居里峰逐渐宽化，尤其取代量在 0.5～0.7 的陶瓷样品，其铁电-顺电转变峰跨越较宽的温度区间，并且随测试频率的提高居里峰强度逐渐降低，展现出弥散铁电体的特征，与其他钙钛矿结构的固溶体陶瓷中的报道一致[34-36]。Mao 等[37]在研究 $BiFeO_3$-

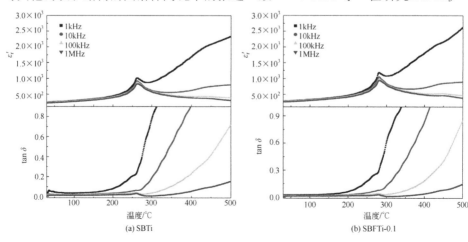

(a) SBTi

(b) SBFTi-0.1

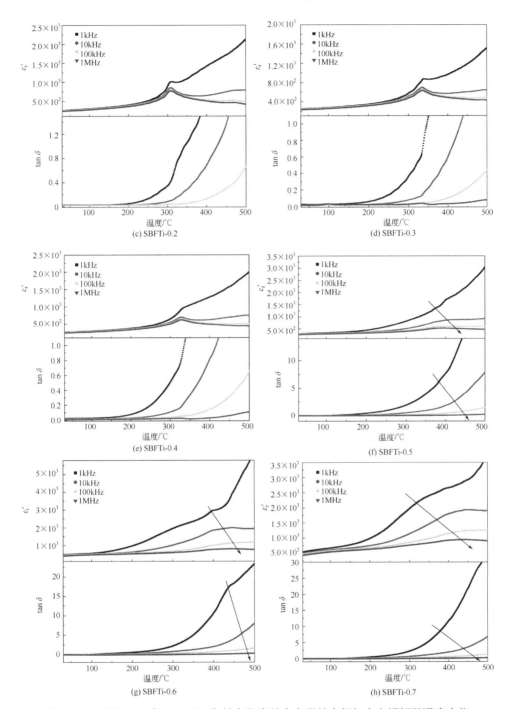

图 5.14　SBFTi-x（$x=0\sim0.7$）铁电陶瓷的介电常数实部与介电损耗随温度变化

Bi$_4$Ti$_3$O$_{12}$ 固溶体陶瓷时也发现了高温介电宽化现象，并归因于类钙钛矿层中 Fe

离子取代 Ti 离子后的随机排布。依据 Smolenskii 等[38]的成分起伏理论，对于 SBFTi-x 陶瓷，随着 BFO 添加量提高，氧八面体中心的 Ti 离子不断被 Fe 离子取代的同时，A 位的 Sr 离子也不断被 Bi 离子取代，这就在陶瓷内部引起成分和结构的起伏，原来的长程有序被打破，陶瓷内部形成极化行为不同的微区或微畴，这些微区具有不同的相变温度，导致正常的铁电-顺电相变温度扩展为居里温度区间。通常情况下，极化微区的存在也会使陶瓷在一定强度的交变电场中发生极化弛豫，在弥散铁电体的基础上表现出弛豫铁电体的特征，但是从图 5.14 来看，SBFTi-x（x=0.1～0.7）陶瓷的居里峰向高温方向移动的趋势并不明显，因此单纯从介温谱无法确定 SBFTi-x 陶瓷是否具有典型弛豫铁电体的特征。

对于弥散型铁电体，由于已不完全符合顺电相时介电常数与温度的关系，即居里-外斯定律，因此一般采用修正后的居里-外斯公式［式（5.3）］对其进行描述，并对其弥散程度进行评价。本节在 1MHz 下 SBFTi-x（x=0.1～0.7）陶瓷的介电常数随温度变化的图谱中，选择 $T(\varepsilon_{\mathrm{m}})<T<T(2/3\varepsilon_{\mathrm{m}})$ 范围内的数据点进行拟合，如图 5.15，得到的各项参数如表 5.2 所示。

$$\frac{1}{\varepsilon'}-\frac{1}{\varepsilon'_{\mathrm{m}}}=\frac{(T-T_{\mathrm{m}})^{\gamma}}{2\varepsilon_{\mathrm{m}}\delta^{2}} \tag{5.3}$$

式中，$\varepsilon'_{\mathrm{m}}$ 为介电常数实部的峰值；δ 为相变的弥散度，单位为℃；γ 为弥散系数；T_{m} 为居里温度。对于弥散铁电体而言，γ 一般介于 1～2 之间，当 $\gamma=1$ 时为正常铁电体，当 $\gamma=2$ 时为典型的弥散（弛豫）铁电体。图 5.15 中，所有样品的 $\ln(1/\varepsilon-1/\varepsilon_{\mathrm{m}})$ 和 $\ln(T-T_{\mathrm{m}})$ 相关性较好，这表明拟合结果准确。所有的 γ 介于 1～2 之间，这说明 BFO 的加入使 SBFTi-x（x=0.1～0.7）陶瓷的化学组成和结构变得不均匀，呈现出弥散铁电体相变特征。

表 5.2　1MHz 时，SBFTi-x（x=0.1～0.7）固溶体陶瓷的弥散因子及相关参数

组分	$T_{\mathrm{m}}/℃$	ε_{m}	γ	$\delta/℃$
x=0.1	282.6	940	1.48	14.2
x=0.2	310.2	770	1.70	22.1
x=0.3	335.8	633	1.32	14.1
x=0.4	328.4	622	1.78	36.9
x=0.5	392.4	529	1.37	44.1
x=0.6	443.9	815	1.21	33.0
x=0.7	443.1	947	1.14	33.6

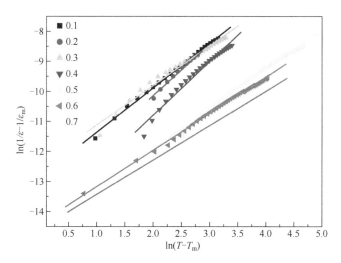

图 5.15　1MHz 下 SBFTi-*x*（*x*=0.1～0.7）陶瓷的 ln(1/ε-1/ε_m)关于 ln(*T*-*T*$_m$)的线性拟合结果

　　取代量为 0.8 和 0.9 的 SBFTi-*x* 陶瓷的介电常数实部和介电损耗如图 5.16 所示，从图中可以看出 SBFTi-0.8 和 SBFTi-0.9 陶瓷在 1kHz 下的介电常数分别在 258.3℃和 289.8℃附近存在一个峰值，由于纯的 BFO 陶瓷铁电相变温度为 850℃[39]，而 SBTi 陶瓷的为 263.5℃左右，两者按比例固溶后的陶瓷居里点应该处于两者之间，组分为 0.1～0.7 的陶瓷都符合该规律，因此可以判断 *x*=0.8 和 0.9 组分的陶瓷 300℃以下的介电常数异常峰并非铁电-顺电转变峰。由于测试设备的限制，*x*=0.8 和 0.9 并没有测出真正的居里温度。BFO 陶瓷是一种单相多铁性材料，其反铁磁尼尔温度（*T*$_N$）在 370℃附近[40-42]，尽管有文献报道掺杂后的 BFO 陶瓷反铁磁尼尔温度会降低[43]，但磁性转变点处的相变对介电常数的影响不如铁电相变那么明显[44]，而图 5.16 中所示的介电常数峰却远高于室温下陶瓷的介电常数，因此无法确定此处的介电峰是陶瓷的磁性转变峰。值得注意的是，该介电异常峰随着频率的提高，其峰值逐渐向高温方向移动，同时介电常数的值逐渐减小，出现了弛豫铁电体的典型特征。Almodovar 等[33]认为该温度范围内的介电异常峰不是陶瓷样品的本征特性，并将其归因于氧空位等缺陷的产生。在 SBFTi-0.8 和 SBFTi-0.9 陶瓷中大量氧空位的出现导致 Fe^{3+}变价为 Fe^{2+}，这使得介电损耗在稍低于介电峰的温度附近迅速增大。

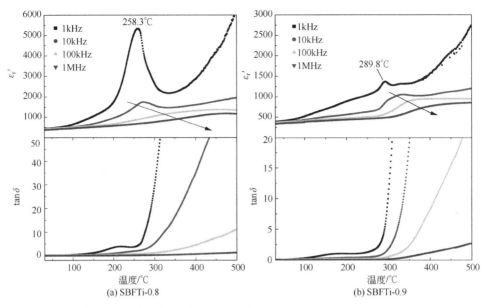

图 5.16　SBFTi-x（x=0.8，0.9）陶瓷的介电常数实部与介电损耗随温度变化图

5.4.3　SBFTi 铁电陶瓷的交流阻抗研究

陶瓷一般为晶粒、晶界和部分气孔组成的多晶结构，不同的显微组织对陶瓷材料的宏观电阻的贡献也不尽相同，晶粒的电阻率远大于晶界电阻率，所以晶粒表现为介电性能。通过直流电阻测试可以得到材料的宏观电阻，但无法区分内部各显微组织的具体作用。在交流阻抗测试技术中，电学性质不同的组织对频率的响应时间不同，表现为半径不同的圆弧，因此，通过对多晶陶瓷材料进行交流阻抗谱测试，不仅可以表征出材料的宏观电阻，还能得到多晶材料中晶粒和晶界等不同微区对宏观电阻的贡献。这种技术采用的信号源为小振幅正弦波形电压[45]。材料对该信号源的电响应可以用电容、电阻和电感三种电学元件及其串、并联关系电路来等效模拟，等效拟合得出的电路可以直观表现出陶瓷的多晶结构。这种用来描述电学元件对外加交流电场响应的物理量就是阻抗 Z^*，阻抗是一个复数，其实部代表电阻对交流电场的阻碍作用，虚部为电抗；电容对交流电场的阻碍作用称为容抗，电感对交流电场的阻碍作用称为感抗。通过分析等效电路中的电学元件，可以获得各微区的电学性能[45]。

为探讨 SBFTi-x 陶瓷体系的电学结构的情况，在 200～480℃温度范围内，对 SBFTi-x 陶瓷进行交流阻抗测试（测试频率为 20～2MHz），结果如图 5.17（a）～图 5.17（j）所示。阻抗的实部为横轴，虚部为纵轴，从图中可以看出测试所得的阻抗曲线并非理想的半圆，且圆心都在实轴以下，这是由于实际的弛豫时间分布与理想的单一德拜弛豫模型存在一定偏离[29]。此外，利用等效电路分析的前提条件是晶粒和晶界绝对均匀，实际的陶瓷材料中很难满足这一条件。从半圆弧不同变化情况来看，温度和组分对 SBFTi-x 陶瓷的宏观电阻均有影响。

图 5.17（a）为 SBTi 陶瓷的交流阻抗谱，当温度低于 370℃时（见内插图），交流阻抗谱表现为一个半径较大圆弧，且未与横轴相交，这是由于测试的最小频率为 20Hz，较低温度下，更低频率下的阻抗信息无法获得；当测试温度在 370～480℃时，阻抗曲线表现为圆心在横轴以下的两个半圆圆弧，表明在该温度区间内，SBTi 陶瓷的晶粒和晶界都对宏观电阻有贡献。高频下的半圆弧对应着晶粒的作用，可以等效为晶粒电阻 R_g 和晶粒电容 C_g 并联电路，低频下的半圆弧则对应着晶界的作用，可以用晶界电阻 R_{gb} 和晶界电容 C_{gb} 并联来等效。随着测试温度的升高，SBTi 陶瓷的宏观电阻逐渐减小，符合负温度系数的特征，这是由于温度升高，热运动加剧，载流子的扩散和迁移变得容易进行，从而使宏观电阻降低[46]。随着 BFO 的加入，从图 5.17（b）～图 5.17（j）可以看出，SBFTi-x 陶瓷的电学结构发生了较大的变化。首先，当 x<0.3 时，SBFTi-x 陶瓷的阻抗谱跟 SBTi 陶瓷的阻抗谱相近，都有两个不太明显的半圆弧；当 x=0.3 时，SBFTi-0.3 陶瓷的阻抗谱变成了一个半圆弧，并随着 BFO 添加量的提高，半圆弧的半径逐渐增大，这表明 BFO 的加入使 SBTi 陶瓷的内部晶粒和晶界对电阻的贡献区别逐渐变小，即 SBFTi-x 陶瓷的宏观电阻主要来源于内部的晶粒或者晶界。值得一提的是，x=0.8、0.9 组分的陶瓷在 370～480℃范围内的交流阻抗谱中，半圆弧的起点并不是从原点开始，这可能是由于高频处超出了测试频率范围。

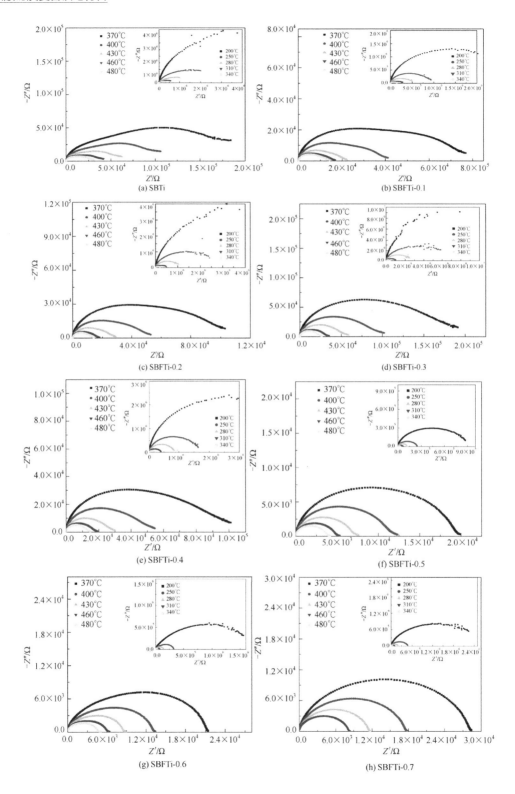

(a) SBTi

(b) SBFTi-0.1

(c) SBFTi-0.2

(d) SBFTi-0.3

(e) SBFTi-0.4

(f) SBFTi-0.5

(g) SBFTi-0.6

(h) SBFTi-0.7

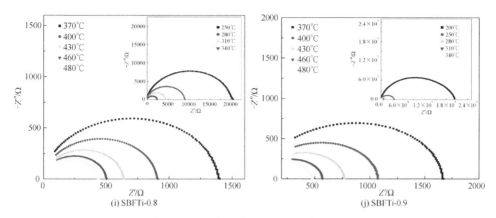

图 5.17　SBFTi-x（x=0～0.9）陶瓷各组分样品在不同温度下的交流阻抗谱

400℃下的 SBFTi-x（x=0～0.9）陶瓷的交流阻抗谱如图 5.18 所示，SBFTi-x 陶瓷的宏观电阻小于 SBTi 陶瓷，这可能是 BFO 的加入提高了陶瓷中 Fe^{3+} 等导电离子浓度，使 SBFTi 陶瓷的导电性有所增强[47]。而 SBFTi-0.3 宏观电阻最大，可能跟其晶格畸变较大有关，与 5.2 节 x=0.3 时漏电最小是一致的。

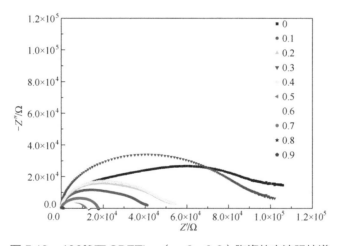

图 5.18　400℃下 SBFTi-x（x=0～0.9）陶瓷的交流阻抗谱

在交流阻抗谱分析时，电模数 M^* 也是一个重要的物理量，其与复阻抗 Z^* 关系如式（5.4）所示：

$$M^* = jZ^*C_0\omega \tag{5.4}$$

式中，$C_0=\varepsilon_0 A/L$ 为真空电容；A 为电极面积；L 为样品厚度。根据式（5.4）计算得到的 SBFTi-x 陶瓷的电模数虚部以及阻抗虚部随频率的变化情况如图

5.19（a）～图 5.19（j）。在同一温度下，SBFTi-*x* 陶瓷的阻抗和电模数虚部随频率变化都仅有一个特征峰，并且随着频率的变化均向高频移动，结合图 5.17 交流阻抗谱中的半圆，进一步确定了 SBFTi-*x* 陶瓷的宏观电阻主要来源于晶粒或者晶界中的一个，可以用一个 RC 等效电路来模拟。随着温度升高，SBFTi-*x* 陶瓷的 Z''_{max} 值不断降低，而 M''_{max} 则先减小后增加，在居里温度附近出现最小值，随着 BFO 添加量的增加，M''_{max} 的最小值对应的温度不断升高，与陶瓷的介温谱测试所得结果相一致。

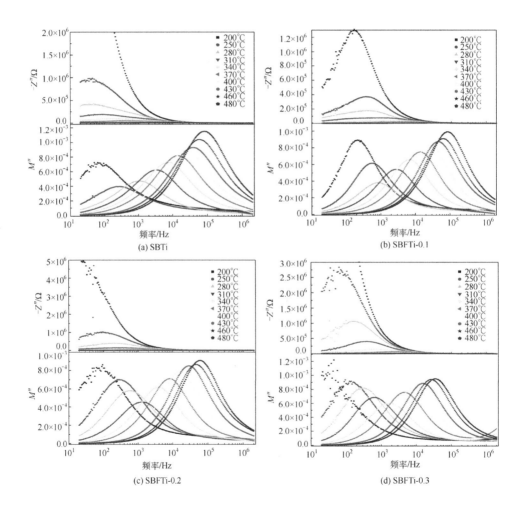

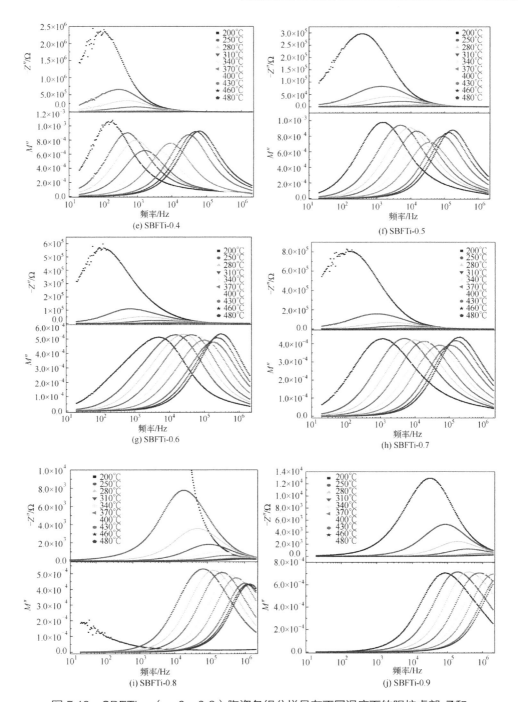

图 5.19　SBFTi-x（x=0～0.9）陶瓷各组分样品在不同温度下的阻抗虚部 Z'' 和

电模数虚部 M'' 随频率变化图谱

在阻抗虚部的频谱图（Z''-F）中，同一温度下，某一特定频率处出现一个不对称的特征峰，被称为类德拜峰，其通常与空间电荷极化过程有关[22,48-51]。类德拜峰的峰值为 Z''_{max}，Z''_{max} 值随着温度的升高而降低，逐渐向高频处移动，这说明 SBFTi-x 陶瓷内部存在混合弛豫[48-51]。随频率升高，不同温度下 Z'' 的类德拜峰逐渐宽化，这意味着在材料内部出现了弛豫时间的扩散过程，并且与理想德拜弛豫行为存在一定偏离[48-50]。当温度较低时，材料内部的电导行为较弱而阻抗值较高，阻抗虚部随频率增加单调递减；只有当温度高于 200℃ 时才能观察到上述现象，因此，SBFTi-x 陶瓷内部的电导行为可能是由缺陷造成的弛豫引起，缺陷类型主要包括电子/氧离子/空位等在原位置的跃迁[50]。由于较低频率下空间电荷极化的存在，Z''_{max} 值随着频率和温度的提高逐渐下降，高频下空间电荷极化消失，最终 Z'' 曲线在高频处合并[48-51]。对比阻抗虚部的频谱（Z''-F）和电模数虚部频谱（M''-F）可以发现，在任一温度下，Z''_{max} 与 M''_{max} 峰值处对应的频率有所不同，后者出现在稍高频率处。这表明 SBFTi-x 陶瓷内部存在较高浓度的 Fe^{3+}-$V_{\ddot{O}}$、Fe^{2+}-$V_{\ddot{O}}$ 以及 Ti^{3+}-$V_{\ddot{O}}$ 等带电复合物，它们之间的相互作用导致弛豫时间以双峰形式扩散，也决定了 Z'' 与 M'' 的频谱变化[49]。

由上述分析发现，在 SBTi 和 SBFTi-x 陶瓷的交流阻抗谱中，只有一个清晰的半圆，且电模数虚部和阻抗虚部频谱曲线中都仅有一个峰，因此确定 SBFTi 陶瓷材料为一个 RC 并联的等效电路[52]。同一温度下，陶瓷的电模数虚部和阻抗虚部随频率变化的峰值 M''_{max} 和 Z''_{max} 的大小与多晶陶瓷材料的晶粒或晶界电容 C、电阻 R 的关系如下所示：

$$M''_{max} = \frac{C_0}{2C} \quad\quad (5.5)$$

$$Z''_{max} = \frac{R}{2} \qu\quad (5.6)$$

式中，$C_0 = \varepsilon_0 A/d$，为真空电容；A 为样品电极面积；d 为样品厚度。

从公式中可以看出，陶瓷材料的电容信息主要由电模数虚部反映，而电阻信息主要由阻抗虚部反映。M''_{max} 和 Z''_{max} 分别对应的频率为材料的特征频率 ω_{max}，其与陶瓷材料的晶粒或晶界电容 C、电阻 R 的关系如下所示：

$$\omega_{max} = (RC)^{-1} = \tau^{-1} \qu\quad (5.7)$$

式中，τ 为时间常数，与特征频率 ω_{max} 成反比。

根据式（5.5）计算得到 SBFTi-x（x=0～0.7）陶瓷电容值随温度的变化曲线，如图 5.20 所示，从图中可以看出，随着温度升高，SBFTi-x 陶瓷电容先增大后减小，且不同 BFO 含量的 SBFTi 陶瓷在不同的温度附近电容值达到最大，对照5.4.2 节中的 SBFTi-x 介电温谱（图 5.14）可发现两者图形类似，峰值位置所对应的温度相近。由于电模数的测试温度是跳跃式选择温度测试，而介温测试是连续测试，二者测试所得的转变温度稍有差别，但是温度变化趋势都是一致的。这说明从电模数虚部频谱中获得的电容主要来自 SBFTi-x 陶瓷的晶粒，并非晶界。因为陶瓷材料中的铁电-顺电相变温度附近，电容值会有峰值，出现异常，而这源于晶粒的作用。因此，可以确定 SBFTi-x（x=0.1～0.7）陶瓷的宏观电阻主要来源于晶粒电阻。由于测试设备限制，SBFTi-0.8 和 0.9 组分陶瓷的 M''在所选择的测试温度范围内并没有以上明显规律。

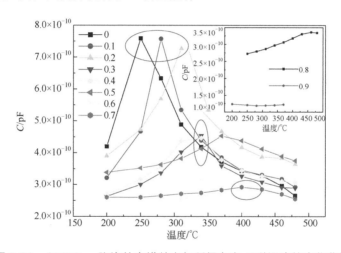

图 5.20 SBFTi-x陶瓷从电模数虚部所得电容 C 随温度的变化曲线

根据式（5.6）计算得到的等效宏观电阻随温度的变化曲线如图 5.21 所示。由图 5.21 可知 SBFTi-x 陶瓷宏观电阻主要要来源于晶粒作用，因此可以确定等效宏观电阻为晶粒电阻，在 250～370℃范围内，SBFTi-x 陶瓷的晶粒电阻迅速减小，同时随着 x 的变化较大，当 x<0.3 时，SBFTi-x 陶瓷晶粒电阻先减小后增大，同一温度下 SBFTi-0.3 组分的陶瓷晶粒电阻值最大，与从交流阻抗谱中得到的结果相一致。当 x>0.3 时，SBFT-x 陶瓷的晶粒电阻逐渐减小，并全部小于 SBTi陶瓷，这说明 BFO 含量对 SBFTi-x 陶瓷的晶粒电阻影响较大，当 BFO 掺量超过0.3 后，SBFTi-x（x=0.4～0.9）陶瓷的电阻明显降低，这可能是大量 Fe^{3+}进入晶格，Fe^{3+}/Fe^{2+} 及氧空位等缺陷的扩散形成载流子使得陶瓷的电学性能提高[47,53]。但随着温度继续提高到 370℃以上，SBFTi-x 陶瓷的晶粒电阻基本保持不变，并且各组分差别不大，BFO 掺量作用逐渐减弱。

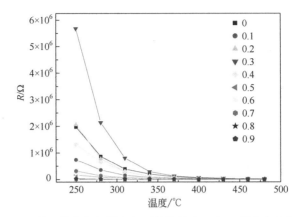

图 5.21　从阻抗虚部频谱中得到的等效宏观电阻随温度变化曲线

5.4.4　SBFTi 铁电陶瓷的交流电导率研究

陶瓷材料的交流电导率 σ_{ac} 与介电常数实部和介电损耗有着密切的关系，通过测试得到的相对介电常数和介电损耗可以计算得出交流电导率，公式[54]如下：

$$\sigma_{ac} = \omega \varepsilon_0 \varepsilon_r \tan \delta \qquad (5.8)$$

式中，σ_{ac} 为交流电导率；$\omega = 2\pi f$；ε_0 为真空介电常数；ε_r 为相对介电常数；$\tan\delta$ 为介电损耗。从式（5.8）中可以看出，交流电导包含了材料的漏导和介电响应所引起的电导两部分。交流电导率 σ_{ac} 除了利用介电测试得到的参数计算以外，还可以通过仪器直接测得，其原理相同。用安捷伦 E4980a 精密阻抗分析仪得到了不同温度下交流电导率 σ_{ac} 随频率变化的曲线，如图 5.22 所示。从图中可以看出，SBFTi-x 陶瓷的交流电导率 σ_{ac} 与频率关系符合 Jonscher 通用公式[54]：

$$\sigma_{ac}(\omega) = \sigma_{dc} + A\omega^n \qquad (5.9)$$

式中，σ_{dc} 为直流电导率；A 为与温度有关的常数；n 为介于 0~1 之间的指数。交流电导率曲线斜率发生剧烈变化处的频率称为跳跃频率 ω_p。从图 5.22 中可以看出，温度较低时，低频下 SBFTi-x 陶瓷的交流电导率 σ_{ac} 近似与频率无关，随着温度升高，与频率无关的范围扩大。同时跳跃频率 ω_p 也随温度升高逐渐向高频移动，这是因为在低温、高频下，交流电导主要源于弱束缚电荷[50]；而在高温、低频时，交流电导则主要来源于漏导的迅速增加[52]。总体而言，随温度升高，各组分 SBFTi-x 陶瓷的交流电导率均有所增加，说明电阻随温度升高下降，与阻抗分析结果一致。

此外值得注意的是，在 $10^4 \sim 10^6$ Hz 频率段内 SBFTi-x 陶瓷的 σ_{ac} 随频率增加而增大的趋势非常明显，高温处 σ_{ac} 随频率变化并不明显，不同组分的 SBFTi-x 陶瓷交流电导率 σ_{ac} 随频率发生明显变化的温度范围也不同，纯 SBTi 陶瓷的 σ_{ac} 在 200～280℃区间内发生明显变化，随着 x 的增加，该温度区间上限不断提高，SBFTi-0.7 组分陶瓷的 σ_{ac} 在所选择的 200～480℃温度范围、$10^4 \sim 10^6$ Hz 频率段内均有明显变化。交流电率 σ_{ac} 随频率的变化与材料的极化机理有着密切关联，当温度较低时，随着测试频率的提高，材料内部偶极子的转向无法跟上外加电场的变化，故电导率有所增大；当温度升高，偶极子也随之获得更多能量，转向能力变强，跟上了外加电场的变化，因此在一定频率范围内电导率变化较小，而由于不同 x 的 SBFTi-x 陶瓷发生铁电-顺电相变温度不同，偶极子的转向能力也不同，所以导致电导率发生明显变化的温度区间也有所不同。此外，从图 5.22（i）和图 5.23（j）中可以看出，SBFTi-0.8 和 0.9 组分的陶瓷的交流电导率 σ_{ac} 明显高于其他组分陶瓷，并且 σ_{ac} 无明显变化，可能原因是其内部 Fe^{3+} 等导电离子浓度较高，导致同样温度下 SBFTi-0.8 和 SBFTi-0.9 陶瓷的漏导较大。

从图 5.22 中可以看出，不同温度下 SBFTi-x 陶瓷在最低测试频率下的电导率基本保持不变，因此直流电导率 σ_{dc} 可以由测试最低频率 20Hz 下所得的交流电导率数值来代替。图 5.23 为 SBFTi-x 陶瓷直流电导率 $\ln\sigma_{dc}$ 与 $1000/T$ 之间的关系及线性拟合图谱。从图中可以看出，当 0<x<0.3、温度高于 370℃时，SBFTi 陶瓷的直流电导率均大于 SBTi 陶瓷，而温度低于 370℃时，SBFTi-0.3 组分陶瓷的直流电导率较低。当提高 BFO 含量（x>0.4）后，SBFTi 陶瓷的直流电导率均高于纯 SBTi 陶瓷，这跟上述由交流阻抗分析得到的结果一致。由于电导过程跟热激发有关，从图中可以看出两者满足良好的线性关系，并且符合阿伦尼乌斯（Arrhenius）公式：

$$\sigma_{dc} = \sigma_0 \exp\left(\frac{-E_a}{k_B T}\right) \tag{5.10}$$

式中，σ_{dc} 为直流电导率；E_a 为载流子激活能；k_B 为玻尔兹曼常数；T 为热力学温度。

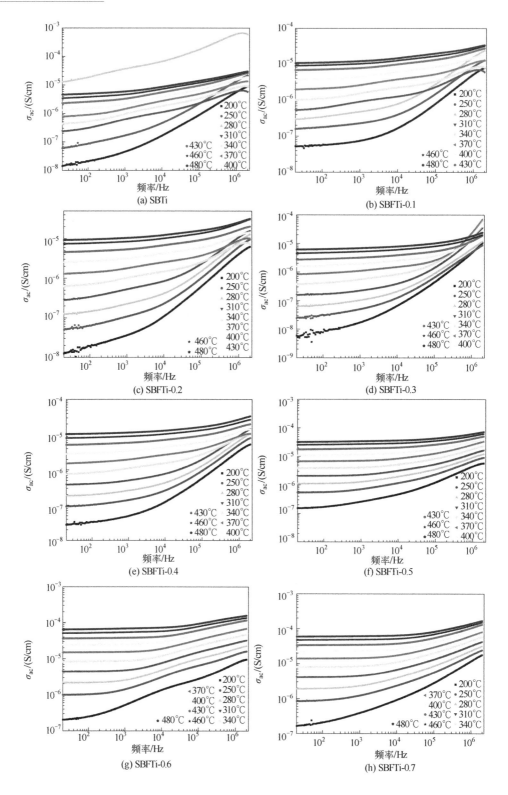

(a) SBTi

(b) SBFTi-0.1

(c) SBFTi-0.2

(d) SBFTi-0.3

(e) SBFTi-0.4

(f) SBFTi-0.5

(g) SBFTi-0.6

(h) SBFTi-0.7

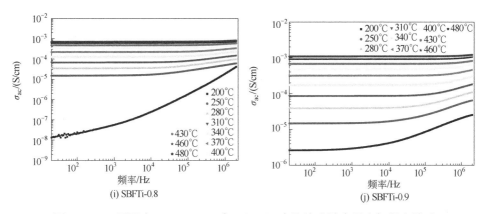

图 5.22　不同温度下 SBFTi-x（x=0~0.9）陶瓷交流电导率与频率关系

　　SBFTi-x 陶瓷 $\ln\sigma_{dc}$ 与 $1000/T$ 之间满足阿伦尼乌斯公式，说明其陶瓷内部的电导行为是由热激发所致，通过线性拟合得到的激活能如图 5.23 所示。纯 SBTi 陶瓷的激活能为 0.63eV，随着 x 的增加，SBFTi-x（x=0.1~0.7）的激活能先减小后增大，当 x=0.3 时激活能最大为 0.79eV，之后激活能逐渐减小。当 x=0.1~0.7 时，激活能在 0.6~0.79eV 之间，与钙钛矿型结构陶瓷中氧空位的二级电离激活能 0.7eV[55] 相近。因此在 250~480℃温度区间内，氧空位可能为 SBFTi-x（x=0~0.7）组分陶瓷的主要载流子，也是引起陶瓷内部电导行为的主要原因。

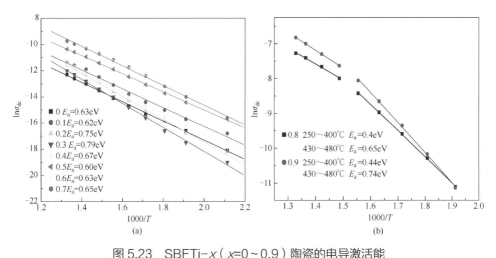

图 5.23　SBFTi-x（x=0~0.9）陶瓷的电导激活能

SBFTi-0.8 和 SBFTi-0.9 组分陶瓷的 $\ln\sigma_{dc}$ 与 $1000/T$ 关系的散点图如图 5.23（b）所示，从图中可以发现，这两个组分在 200～480℃ 范围内的电导激活能可以分为两段，高温段（430～480℃）内 SBFTi-x（x=0.8，0.9）陶瓷的电导激活能分别为 0.65eV 和 0.79eV，与上述 x=0～0.7 组分的陶瓷相近，说明高温段两组分陶瓷的导电机制主要与氧空位有关；低温段（250～400℃）内 SBFTi-0.8 和 SBFTi-0.9 陶瓷的激活能分别为 0.4eV 和 0.44eV，这比传统铁电材料的激活能低，说明在低温阶段该组分的载流子不是氧空位，这可能跟 SBFTi-0.8 和 SBFTi-0.9 陶瓷中的 Fe^{3+}/Fe^{2+} 含量高有关，这还需要进一步研究。

5.5　本章小结

本章以铋层状钙钛矿结构的 $Sr_2Bi_4Ti_5O_{18}$（SBTi）和钙钛矿结构材料 $BiFeO_3$（BFO）为研究对象，通过形成固溶体的方式将两者复合制备出 $xBiFeO_3$-$(1-x)$ $Sr_2Bi_4Ti_5O_{18}$（SBFTi-x，x=0～0.9）系列陶瓷。采用 XRD、SEM、Raman 光谱、铁电测试仪、铁磁测试仪和精密阻抗分析仪等研究了该体系陶瓷的成分与晶体结构，显微形貌，铁电、铁磁和介电性能的关系，以及相关的弥散和弛豫特性，发现 SBFTi-x 陶瓷室温下铁电性能优于 SBTi 陶瓷，并展现出弱的铁磁性，主要得到以下结论：

① 随着 BFO 量的增加，SBFTi-x 陶瓷在 SBTi 的晶体结构基础上发生连续的变化。当 x=0.1 时，SBFTi-0.5 陶瓷的晶体结构与 6 层的铋层钙钛矿材料 $Bi_7Fe_3Ti_3O_{21}$ 一致，随着 x 的提高，不断发生晶格畸变，SBFTi-0.3 陶瓷的晶格畸变程度最大，而 BFO 组分达 0.8 时钙钛矿层数下降到 5 层，并伴随着立方第二相含量的增加，SBFTi-0.9 陶瓷中第二相含量已经超过 50%，这些变化都从显微形貌上得到证实。SBFTi-x 陶瓷相当于 Bi^{3+} 和 Fe^{3+} 共掺的 SBTi 陶瓷，拉曼光谱测试确定了两种离子分别进入 A 位 Sr^{2+} 位置和 B 位类钙钛矿层的 Ti^{4+} 位置，异价 AB 位元素的掺杂引起 SBFTi-x 陶瓷的一系列性能变化。

② 随着 BFO 含量的提高，SBFTi-x 陶瓷室温的铁电性能先提高后有所下降，相比 SBTi 陶瓷，AB 位的 Bi^{3+} 和 Fe^{3+} 共掺不仅增大了晶格畸变，提高了类钙钛矿层数，还降低了氧空位浓度，抑制了 Ti^{4+} 变价和减少了 Bi 元素挥发，使 SBFTi-x

陶瓷具有优异的铁电性能，其中 SBFTi-0.3 陶瓷晶格畸变程度最大，铁电性最好，在 85kV/cm 的电场下剩余极化强度 $2P_r$ 最高为 18.66μC/cm^2，矫顽场 $2E_c$ 较低为 77.7kV/cm，漏电流也最低。氧空位浓度和内置电场的变化使得 SBFTi-x 陶瓷中空间限制电荷的作用逐渐减弱，其漏电机制也从 SBTi 陶瓷的空间限制电荷为主过渡到欧姆传导为主，Fe^{3+} 和少量 Fe^{2+} 的存在还使 SBFTi-0.5 陶瓷室温下展现出弱的铁磁性，其剩余磁化强度 M_r=0.007emμ/g。

③ SBFTi-x 陶瓷室温下的介电常数受空间电荷极化影响较大，BFO 的加入不仅可以提高介电常数，还有效降低了 SBTi 陶瓷的介电损耗，提高了频率稳定性。随 BFO 量的增加，SBFTi-x 陶瓷中成分和结构起伏变化，形成不同相变温度的极性微区，其居里温度不断升高的同时介电峰逐渐宽化，表现出弥散型铁电体特征。SBTi 陶瓷和 SBFTi 陶瓷的宏观电阻都具有负温度系数特征，低温下，SBFTi-x 陶瓷中 Fe^{3+} 等导电离子浓度较高从而使其宏观电阻有所降低，逐渐半导体化；高温下 BFO 作用减弱。SBFTi-x 陶瓷的宏观电阻主要来源于晶粒的作用，并存在空间电荷极化和混合弛豫过程。

④ 在低温、高频下，SBTi 和 SBFTi-x 陶瓷的交流电导主要源于弱束缚电荷；而在高温、低频时的交流电导主要来源于漏导的迅速增加，交流电导随频率的变化与材料的极化机理有着密切关联。SBFTi-x 陶瓷的电导机制随温度和组分有所变化：当 BFO 掺杂量为 0.1～0.7 时以及高温（430～480℃）段的 SBFTi-0.8 和 SBFTi-0.9 陶瓷，电导机制主要与氧空位的二级电离有关；而低温段（250～400℃）的 SBFTi-0.8 和 SBFTi-0.9 陶瓷电导激活能比传统铁电材料的要低，可能跟其中的 Fe^{3+}/Fe^{2+} 含量高有关。

参考文献

[1] Eerenstein W, Mathur N D, Scott J F. Multiferroic and magnetoelectric materials[J]. Nature, 2006, 442(7104): 759-765.

[2] Wang J L, Li L, Peng R R, et al. Structural Evolution and Multiferroics in Sr-doped Bi$_7$Fe$_{1.5}$Co$_{1.5}$Ti$_3$O$_{21}$ ceramics[J]. Journal of the American Ceramic Society, 2015, 98 (5):1528-1535.

[3] Li J, Huang Y, Jin H B, Rao G, Liang J, Tan X. Inhomogeneous structure and magnetic properties of Aurivillius ceramics Bi$_7$Bi$_{n-3}$Ti$_3$Fe$_{n-3}$O$_{3n+3}$[J]. Journals of the American Ceramic Society, 2013, 96(12):3920-3925.

[4] Yan H, Zhang H, Reece M J, Dong X. Thermal depoling of high curie point Aurivillius phase ferroelectric ceramics[J]. Applied Physics Letters, 2005, 87(8):082911.

[5] Hutchison J L, Anderson J S, Rao C N R. Electron microscopy of ferroelectric bismuth oxides containing perovskite layers[C]. Proceedings of the Royal Society of London Series A, 1977, 335:301-312.

[6] Shannon R D. Revised effective ionic radii and systematic studies of interatomic distances in halides and chalcogenides[J]. Acta Cryst, 1976, A(32):751-767.

[7] Suarez D Y, Reaney I M, Lee W E. Relation between tolerance factor and T_c in Aurivillius compounds[J]. J Mater Res, 2001, 16(11):3139.

[8] Akinori Kan, Hirotaka Ogawa, et al. Synthesis and ferroelectric properties of bismuth layer-structured $(Bi_{7-x}Sr_x)$ $(Fe_{3-x}Ti_{3+x})O_{21}$ solid solutions[J]. Physica B, 2011, 406(17):3170-3174.

[9] 朱骏, 毛翔宇, 陈小兵. $Bi_{4-x}La_xTi_3O_{12}$-$SrBi_{4-y}La_yTi_4O_{15}$ 共生结构铁电材料拉曼光谱研究[J]. 物理学报, 2004, 53(11):3929-3944.

[10] Sugta N, Tokumitsu E, Osada M, Kakihana M. In Situ Raman Spectroscopy Observation of Crystallization Process of Sol-Gel Derived $Bi_{4-x}La_xTi_3O_{12}$ Films[J]. Jpn J Appl Phys, 2003, 42(8A):L944-L945.

[11] Osada M, Tada M, Kakihana M, Watanabe T, Funakubo M. Cation distribution and structural instability in $Bi_{4-x}La_xTi_3O_{12}$[J]. Jpn J Appl Phys, 2001, 40(9B):5572-5575.

[12] Sugita N, Osada M, Tokumitsu E. Characterization of sol-gel derived $Bi_{4-x}La_xTi_3O_{12}$ film[J]. Jpn J Appl Phys, 2002, 41(11B):6810-6814.

[13] 肖顺华, 张琳, 宝音. 钛酸铅钡铁电薄膜的光学性能研究[J]. 人工晶体学报, 2010, 39 (4):951-960.

[14] Kojima S, Shimada S. Soft mode spectroscopy of bismuth titanate single crystals[J]. Physica B,1996, 219-220: 617-619.

[15] Kojima S. Raman spectroscopy of bismuth layer structured ferroelectrics[J]. Ferroelectrics, 2000, 239(1): 55-62.

[16] Jovalekic, Pavlovic M, Osmokrovic P, Atanasoska Lj. X-ray photoelectron spectroscopy study of $Bi_4Ti_3O_{12}$ ferroelectric ceramics[J]. Applied Physics Letters, 1998, 72(2):1051-1053.

[17] Simões A Z, Riccardi C S, Cavalcante L S, et al. Ferroelectric fatigue endurance of $Bi_{4-x}La_xTi_3O_{12}$ thin films explained in terms of X-ray photoelectron spectroscopy[J]. Journal of Applied Physics, 2007, 101(8):084112-084116.

[18] Sawa A, Fujii T, Kawasaki M, et al. Hysteretic current voltage characteristics and resistance switching at a rectifying $Ti/Pr_{0.7}Ca_{0.3}MnO_3$ interface[J]. Appl Phys Lett, 2004, 85(18):4073-4075.

[19] Xu Q Y, Zai H F, Wu D, et al. The Magnetic Properties of BiFeO$_3$ and Bi(Fe$_{0.95}$Zn$_{0.05}$)O$_3$[J]. Journal of Alloys and Compounds, 2009, 485(1-2):13-16.

[20] Mao X Y, Wang W, Chren X B. Electrical and magnetic properties of Bi$_5$FeTi$_3$O$_{15}$ compound prepared by inserting BiFeO$_3$ into Bi$_4$Ti$_3$O$_{12}$[J]. Solid State Communications, 2008, 147(5-6):186-189.

[21] Huo S X, Yuan S L, Qiu Y, et al. Crystal structure and multiferroic properties of BiFeO$_3$-Na$_{0.5}$K$_{0.5}$NbO$_3$ solid solution ceramics prepared by Pechini method[J]. Mater Lett, 2012, 68:8-10.

[22] DO D, Kim J W, Kim S S. et al. Multiferroic properties of SrBi$_5$FeTi$_4$O$_{18}$ thin films prepared using chemical solution deposition method[J]. Integrated Ferroelectrics, 2009, 105(1):66-74.

[23] Moulson A J, Herbet J M. Electroceramics: materials properties applications[M]. London: Chapman & Hall, 1990:260-262.

[24] Burn I, Neirman S. Dielectric properties of donor-doped polycrystalline SrTiO$_3$[J]. Mater Sci, 1982, 17:3510-3524.

[25] Ahmad M M. Giant dielectric constant in CaCu$_3$Ti$_4$O$_{12}$ nanoceramics[J]. Appl Phys Lett, 2013, 102(23):232908.

[26] Jia R, Zhao X T, Li J Y, Tang X. Colossal breakdown electric field and dielectric response of Al-doped CaCu$_3$Ti$_4$O$_{12}$ ceramics[J]. Mater Sci Eng B, 2014, 185:79-85.

[27] Buchanan R C. Ceramic materials for electronics: processing, properties, and applications[M]. New York: Marchel Dekker Inc, 1991:38.

[28] 殷之文. 电介质物理学[M]. 北京:科学出版社, 2003.

[29] Srinivas K, James A R. Dielectric characterization of polycrystalline Sr$_2$Bi$_4$Ti$_5$O$_{18}$[J]. J Appl Phys, 1999, 86(7): 3885-3889.

[30] 张增平, 卢网平, 等. La, V 掺杂对 Sr$_2$Bi$_4$Ti$_5$O$_{18}$ 性能影响对比研究[J]. 扬州大学学报（自然科学版）, 2005, 8(2):28-31.

[31] Wang W, Shan D, Sun J B, et al. Aliovalent B-site modification on three-and four-layer Aurivillius intergrowth[J]. J Appl Phys, 2008, 103(4):044102.

[32] James A R, Bhimasankaram T. Electrical and magnetic studies on SrBi$_5$FeTi$_4$O$_{18}$[J]. Modern Phys Letters, 1988, 12(19):785-795.

[33] Almodovar N S, Portelles J, Raymond O, et al. Characterization of the dielectric properties and alternating current conductivity of the SrBi$_{5-x}$La$_x$Ti$_4$FeO$_{18}$(x=0,0.2) compound[J]. J Appl Phys, 2007, 102(12):124105-124112.

[34] Gao X S, Chen X Y, Yin J, Wu J, Liu Z G. Ferroelectric and dielectric properties of ferroelectromagnet

Pb(Fe$_{1/2}$Nb$_{1/2}$)O$_3$ ceramics and thin films[J]. J Mater Sci, 2000, 35(21):5421-5425.

[35] Ananta S, and Thomas N W. A modified two-stage mixed oxide synthetic route to lead magnesium niobate and lead iron niobate[J]. J Eur Ceram Soc, 1999, 19(2):155-163.

[36] 吕欣. 几种铁基复合钙钛矿陶瓷的结构、介电及铁电性能[D]. 浙江:浙江大学, 2014.

[37] Mao X Y, Wang W, Chen X B. Electrical and magnetic properties of Bi$_5$FeTi$_3$O$_{15}$ compound prepared by inserting BiFeO$_3$ into Bi$_4$Ti$_3$O$_{12}$[J]. Solid State Communications, 2008, 147(5-6):186-189.

[38] Smolenskii G A, Isupov V A, Agranovskaya A I, et al. New ferroelectrics of complex composition[J]. Soviet Physics Solid State, 1960, 2(11):2651-2654.

[39] Catalan G, Scott J F. Physics and applications of bismuth ferrite[J]. Advanced Materials，2009, 21(24):2463-2485.

[40] Teague J R, Gerson R, James J. Dielectric hysteresis in single crystal BiFeO$_3$[J]. Solid State Commun, 1970, 8(13):1073-1074.

[41] Mao X, Sun H, Wang W, et al. Ferromagnetic, ferroelectric properties, and magneto-dielectric effect of Bi$_{4.25}$La$_{0.75}$Fe$_{0.5}$Co$_{0.5}$Ti$_3$O$_{15}$ ceramics[J].Applied Physics Letters, 2013, 102(7):072904.

[42] Yun K Y, Noda M，Okuyama, et al. Structural and multiferroic properties of BiFeO$_3$ thin films at room temperature[J]. Journal of Applied Physics, 2004, 96(6):3399-3403.

[43] Azuma M, Kanda H, Belik A A, et al. Magnetic and structural properties of BiFe$_{1-x}$MnO$_3$[J]. J Magn Magn Mater, 2007, 310(2):1177-1179.

[44] 王冰. 多铁性材料铁酸铋的固溶体系制备及性能研究[D]. 南京: 南京航空航天大学, 2012.

[45] 史美伦. 交流阻抗谱原理及应用[M]. 北京: 国防工业出版社, 2001.

[46] Sinclair D C, West A R. Effect of atmosphere on the PTCR properties of BaTiO$_3$ ceramics[J]. J Mat Sci, 1994, 29(23):6061-6068.

[47] Mamatha B, Sarah P. Effect of dysprosium substitution on electrical properties of SrBi$_4$Ti$_4$O$_{15}$[J]. Materials Chemistry and Physics, 2014, 147:375-381.

[48] Venkata R E, Suryanarayana S V, Bhima S T. Ac impedance studies on ferroelectromagnetic SrBi$_{5-x}$La$_x$Ti$_4$FeO$_{18}$ ceramics[J]. Materials Research Bulletin, 2006, 41(6):1077-1088.

[49] Nayak P, Mohapatra S R, Kumar P, Panigrahi S. Effect of Ba^{2+} substitution on the structural and electrical properties of SrBi$_4$Ti$_4$O$_{15}$ ceramics[J]. Ceramics International, 2015, 41(8):9361-9372.

[50] Ihrig H, Hennings D. Electrical transport properties of n-type BaTiO$_3$[J]. Phys Rev B, 1978, 17(12):4593-4599.

[51] James A R, Sankaram T B. Electrical and magnetic studies on SrBi$_5$FeTi$_4$O$_{18}$[J]. Mod Phys Lett B, 1998,

12(19):785-795.

[52] 陈建国. 铁酸铋-钛酸铅多铁性固溶体的掺杂改性及性能表征[D]. 上海: 上海大学, 2010.

[53] Felicia G, Mihai C, Adelina I, et al. Preparation and functional characterization of $BiFeO_3$ ceramics: A comparative study of the dielectric properties[J].Solid State Sciences, 2013, 23:79-87.

[54] Jonscher A K. Universal relaxation law[M]. Chelsea: Chelsea dielectric press, 1996.

[55] Chen A, Yu Z, Cross L. Oxygen vacancy related low frequency dielectric relaxation and electrical conduction in $Bi:SrTiO_3$[J]. Phys Rev B, 2000, 62(1):228-236.